AF376684

THÉORIE NOUVELLE

DE LA

POLARISATION ROTATOIRE

PAR

M. G. QUESNEVILLE

DOCTEUR ÈS SCIENCES
PROFESSEUR AGRÉGÉ A L'ÉCOLE SUPÉRIEURE DE PHARMACIE
DIRECTEUR DU *Moniteur Scientifique*

—

PARIS

LIBRAIRIE SCIENTIFIQUE A. HERMANN

LIBRAIRE DE S. M. LE ROI DE SUÈDE ET DE NORWÈGE
6 et 12, rue de la Sorbonne

—

1903

THÉORIE NOUVELLE

DE LA

POLARISATION ROTATOIRE

OUVRAGES DU MÊME AUTEUR

Influence du mouvement sur la hauteur du son . . . .
(Imprimerie Maulde et Renou, Paris 1879) (*épuisé*).

De la propagation de l'électricité dans les corps solides, liquides et gazeux
(Imprimerie Maulde et Renou, Paris 1879) (*épuisé*).

*De la détermination des chaleurs spécifiques à volume constant dans le
cas des corps simples et composés* (tirage à part épuisé) . . . . . .
(*Moniteur scientifique*, n° de mars 1880).

*De la chaleur de combustion et de formation des composés organiques,
d'après les formules rationnelles* (tirage à part épuisé) . . . . . .
(*Moniteur scientifique*, n° de novembre 1880).

*Contribution à l'étude de la polarisation rotatoire dans la lumière paral-
lèle* (tirage à part épuisé). . . . .
(*Moniteur scientifique*, n° de juin et octobre 1887).

*De la double réfraction elliptique et de la tétraréfringence du quartz
dans le voisinage de l'axe* . . . .
(1 vol. in-8 de 360 p. — Librairie Gauthier-Villars, Paris 1898).   Pr. 8 fr.

Recherches sur les réseaux. . . . .
(1 vol. in-8 de 87 p. — Bureaux du *Moniteur scientifique*, Paris 1899). Pr. 2 fr.

Théorie nouvelle de la dispersion . . . .
(1 vol. in-8 de 72 p. — Librairie A. Hermann, Paris 1901).   Pr. 2 fr. 50

Théorie nouvelle de la loupe et de ses grossissements . . . . . .
(1 vol. in-8 de 48 p. — Librairie A. Hermann, Paris 1902).   Pr. 1 fr. 50

Théorie nouvelle de la lunette de Galilée . . . .
(1 vol. in-8 de 62 p. — Librairie A. Hermann, Paris 1902).   Pr. 2 fr.

SAINT-AMAND, CHER. — IMPRIMERIE BUSSIÈRE.

THÉORIE NOUVELLE

DE LA

POLARISATION ROTATOIRE

PAR

M. G. QUESNEVILLE

DOCTEUR ÈS SCIENCES
PROFESSEUR AGRÉGÉ A L'ÉCOLE SUPÉRIEURE DE PHARMACIE
DIRECTEUR DU *Moniteur Scientifique*

———

PARIS

LIBRAIRIE SCIENTIFIQUE A. HERMANN

LIBRAIRE DE S. M. LE ROI DE SUÈDE ET DE NORWÈGE

6 et 12, rue de la Sorbonne

1903

THÉORIE NOUVELLE

DE LA

POLARISATION ROTATOIRE

INTRODUCTION

La théorie de la polarisation rotatoire a été créée par Fresnel qui, pour l'interpréter, eut cette idée géniale qu'un rayon polarisé rectilignement était remplacé à l'entrée d'un cristal par deux rayons circulaires droit et gauche se propageant avec des vitesses inégales.

Mais comment représenter analytiquement ces rayons circulaires, comment mécaniquement concevoir qu'un mouvement rectiligne puisse devenir curviligne? La théorie nouvelle que nous donnerons aujourd'hui a pour but de montrer que la méthode analytique suivie par Fresnel, puis Mac-Cullagh et tous les auteurs pour représenter les deux rayons circulaires ne satisfaisaient pas aux conditions de l'élasticité optique.

Sur quoi Fresnel s'est-il basé pour représenter analytiquement ses rayons circulaires? Sur ce fait qu'on connaît bien lorsqu'avec une lame 1/4 d'onde on introduit entre deux rayons polarisés *rectilignement*, dans deux plans perpendiculaires, une différence de marche telle qu'à la sortie les *deux rayons* polarisés rectilignement sont représentés par les formules

$$(1) \qquad \begin{cases} \eta = b \cos mt \\ \xi = b \sin mt, \end{cases}$$

il est bien clair qu'une molécule du vide soumise *simultanément* à ces deux mouvements vibratoires décrira une courbe qui est un cercle

$$\xi^2 + \eta^2 = b^2.$$

Une molécule du vide à une distance z de la première décrira encore le même cercle, parce qu'à cette distance z l'*onde* produite par le mouvement $\frac{d^2\xi}{dt^2} = \mathrm{F}\xi$, et *celle* produite par le mouvement $\frac{d^2\eta}{dt^2} = \mathrm{F}\eta$, se sont propagées avec la même vitesse et que l'on a en z :

$$(2) \qquad \begin{cases} \eta' = b \cos(mt - kz) \\ \xi' = b \sin(mt - kz) \end{cases}$$

d'où encore

$$\xi'^2 + \eta'^2 = b^2,$$

de sorte que, grâce à ces *deux rayons* polarisés *rectilignement* et présentant entre eux une différence de phase égale à $\frac{\pi}{2}$, il y a un mouvement circulaire produit à toute distance.

Car il s'agissait de savoir, ce que les auteurs n'ont jamais examiné, si le *mouvement circulaire* décrit à la sortie grâce aux relations (1) *se propageait*, ou si c'était les ondes polarisées *rectilignement* qui *continuaient à se propager dans le vide* comme dans le cristal, avec cette seule différence que les vitesses de propagation dans le vide étant devenues égales, ces deux ondes conservaient intacte la même différence de phase, et, par suite, pouvaient à chaque instant faire décrire à une molécule d'éther, conformément aux relations (2), un cercle d'un mouvement continu. Cette distinction n'a jamais été faite jusqu'ici.

Les auteurs ont enseigné que l'on avait *une* seule onde à la sortie du cristal, et que le mouvement décrit étant un cercle, c'était *une* onde *circulaire qui se propageait*, exactement comme les ondes polarisées rectilignement. Or, c'est là une grosse erreur comme nous voulons le montrer. En premier lieu, admettre comme les auteurs, dans le cas d'une seule onde circulaire substituée à deux ondes rectilignes, des cercles décrits totalement une ou plusieurs fois c'était méconnaître les principes mêmes des oscillations.

Lorsque l'on représente le mouvement rectiligne d'une molécule d'éther (*fig.* 1) par

$$\epsilon = b \cos mt,$$

on suppose que cette molécule tirée du repos et transportée en A repasse exactement par le même chemin, arrive en B, après avoir parcouru OB, puis effectue de nouveau le trajet BO. La caractéristique d'une molécule est donc de parcourir le *même trajet* à l'allée et au retour.

Par conséquent, si nous supposons qu'une molécule d'éther se trouve dans un milieu élastique tel que le *premier* chemin parcouru pour aller de A en B, B$_1$, eût été ACBB$_1$, il est bien clair qu'il reviendra en A en suivant le premier chemin parcouru, c'est-à-dire B$_1$BCA. En effet, rien ne prouve que la partie ombrée ne présenterait pas un obstacle insurmontable au déplacement de la molécule, tandis que du moment qu'elle a pu suivre le trajet ACBB$_1$, à l'allée, elle peut, *a priori*, parcourir le même trajet au retour. Le principe fondamental des oscillations que tout mouvement pendulaire implique le parcours du même trajet à l'allée et au retour est donc démontré.

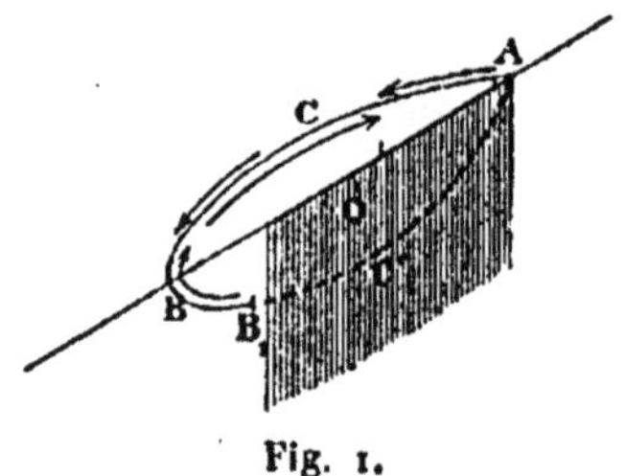

Fig. 1.

Or, c'est ce principe fondamental qui a été complètement méconnu, par tous les auteurs, dans la polarisation rotatoire.

Le principe des oscillations est qu'une molécule, qui, tirée de sa position d'équilibre, a été amenée de O en A est soumise en A, à une force élastique qui tend à ramener cette molécule en O. Dans ce cas seulement il y a une onde engendrée.

De même si on fait parcourir à une molécule une portion de cercle ACBB$_1$, celle-ci sera soumise en B$_1$ à une force contraire qui tendra à la faire revenir par le même chemin B$_1$BCA *pour qu'il y ait une onde engendrée* consécutivement à ce déplacement circulaire. Donc en A et B$_1$ la molécule était soumise à deux forces de directions *contraires*, exactement comme dans le mouvement pendulaire. Il fallait supposer les cercles décrits d'un mouvement oscillatoire et en admettant que la plus grande élongation eût été une demi-circonférence on aurait eu pour ces cercles

$$(3) \qquad \begin{cases} \eta = b \sin u \\ \xi = b \cos u \end{cases} \qquad u = \frac{\varpi}{2} \cos mt,$$

qui auraient donné

$$\xi^2 + \eta^2 = b^2.$$

Entre les formules (1) et (3) pouvait-on hésiter ?

Nullement, si l'on se rappelle les propriétés fondamentales de l'élasticité, qui sont représentées par les relations

$$\frac{d^2\varepsilon}{dt^2} = F\varepsilon, \qquad F = -\frac{4\varpi^2}{l^2}\,V^2,$$

V étant la vitesse, l la longueur d'onde et F la force élastique.

D'après cette dernière relation si la force élastique F était nulle, il n'y *avait pas d'onde produite*, $V = o$; autrement dit pour un mouvement

$$\frac{d^2\varepsilon}{dt^2} = o, \qquad \text{on avait} \qquad V = o.$$

D'après cela, que nous donneraient les relations (1) si elles représentaient le véritable mouvement circulaire dans un cristal hémiédrique ? Elles donneraient, ayant $d\xi^2 + d\eta^2 = ds^2$:

$$\frac{d^2s}{dt^2} = o.$$

Il n'y aurait donc pas d'onde produite, $V = o$.

Si, au contraire, on fait appel aux formules (3) on aura

$$\frac{d^2s}{dt^2} = F_1 s,$$

par conséquent, il existera une onde produite, consécutive à ce mouvement oscillatoire, de vitesse V donnée par la relation

$$V^2 = -\frac{F_1}{4\varpi^2}\,l^2.$$

Telle est la grosse erreur commise, dès l'origine, par Fresnel, Mac-Cullagh et tous les auteurs, de ne pas avoir vu que les équations qu'ils avaient données ne pouvaient représenter les mouvements réellement décrits dans un cristal hémiédrique. Que les cercles n'étaient pas tracés d'un mouvement uniforme mais pendulaire. Que celui-ci n'était pas continu, mais oscillatoire.

Or chez les auteurs il semble que le fait *de vérifier des relations analytiques* l'ait toujours emporté sur les notions les mieux établies de l'élasticité optique et des phénomènes physiques.

Ayant à l'entrée

$$y = b \cos 2\varpi \frac{t}{T},$$

on ne pouvait substituer analytiquement deux cercles à ce rayon polarisé rectilignement et satisfaire à *chaque instant* aux relations de l'entrée

$$y' + y'' = y, \qquad x' + x'' = o,$$

qu'à la condition de prendre, comme Fresnel, pour les équations des deux cercles

$$y' = \frac{b}{2} \cos 2\varpi \frac{t}{T}, \qquad y'' = \frac{b}{2} \cos 2\varpi \frac{t}{T},$$

$$x' = \frac{b}{2} \sin 2\varpi \frac{t}{T}, \qquad x'' = -\frac{b}{2} \sin 2\varpi \frac{t}{T}.$$

En vain l'on pouvait faire remarquer que chacun de ces cercles conduisait à

$$\frac{d^2 s}{dt^2} = o$$

qu'il était difficile d'admettre que ni Fresnel, ni Mac-Cullagh ne se fussent aperçus de ce fait. Or, une telle relation prouvait la non-existence d'ondes circulaires, et malgré tout on persistait à admettre les équations de ces cercles parce que seuls ceux-ci vérifiaient à *chaque instant* les relations de l'entrée.

On devait encore faire remarquer, d'après les notions les mieux établies de l'Acoustique, que l'on ne pouvait supposer l'amplitude passant de b à $\frac{b}{2}$ sans admettre que le timbre *eût varié*, c'est-à-dire que T fût devenu par exemple $\frac{T}{2}$; rien n'y faisait, on supposait que malgré la variation de l'amplitude, T fut resté invariable, et d'avance on excluait la notion nouvelle de longueurs d'onde, infiniment petites $\frac{\lambda}{m}$ du même ordre de grandeur que les différences de chemin dans la polarisation rotatoire.

En raisonnant avec les cercles de Fresnel, qu'importait de vérifier à *chaque instant* les relations de l'entrée, si les phénomènes de la polarisation rotatoire *ne devaient être examinés* qu'après des épaisseurs traversées $x = \frac{\lambda}{4}, \frac{\lambda}{2}, 3\frac{\lambda}{4}, \lambda, \ldots$ c'est-à-dire à des époques $t = \frac{T}{4}, 2\frac{T}{4}, 3\frac{T}{4}, T, \ldots$ S'il en était ainsi, il n'y avait donc pas de raison de vérifier à *chaque instant* les relations de l'entrée et par suite aux cercles de Fresnel on pouvait substituer les suivants

$$y' = \frac{b}{2}\sin u', \qquad y'' = \frac{b}{2}\sin u',$$

$$x' = \frac{b}{2}\cos u', \qquad x'' = -\frac{b}{2}\cos u',$$

décrits d'un mouvement oscillatoire si

$$u' = \frac{\varpi}{2}\cos 2\varpi\frac{t}{T},$$

qui *satisfont aux relations de l'entrée pour* $t = 0, \dfrac{T}{4}, \dfrac{T}{2}, 3\dfrac{T}{4}, T, \ldots$ *et peuvent engendrer de véritables ondes circulaires.*

Cette notion fondamentale au point de vue théorique ne l'est pas moins au point de vue pratique.

Le fait, en effet, d'avoir admis que les cercles de Fresnel, de Mac-Cullagh et de tous les auteurs étaient décrits avec une vitesse constante

$$\frac{d^2 s}{dt^2} = o, \qquad \text{d'où} \qquad \frac{ds}{dt} = \text{const.},$$

devait forcément nous conduire, comme nous le montrons plus loin, pour la rotation, à l'expression de Fresnel

$$R = \varpi z\left(\frac{1}{l_2} - \frac{1}{l_1}\right) = \varpi z.\frac{\delta}{l},$$

c'est-à-dire à la raison inverse de la *simple longueur d'onde*, car, comme nous le montrerons, δ est nécessairement dans cette théorie une *constante*.

L'hypothèse, au contraire, que le mouvement était pendulaire, que l'on eût pour les deux cercles

$$\frac{d^2 s'}{dt^2} = F_1 s', \qquad \frac{d^2 s''}{dt^2} = F_2 s'',$$

et que la rotation réelle R était due à l'ensemble de deux phénomènes donnant séparément les rotations R', R'', d'où

$$R = \sqrt{R'R''},$$

conduisait de suite à la raison inverse *du carré de la longueur d'onde,* comme l'expérience l'a montré à Biot. C'est ce que nous verrons bientôt.

Mais pour revenir à ce que nous disions plus haut, bien que dans la formule de Fresnel z parût quelconque, les auteurs n'*ont jamais examiné* les rotations qu'après des épaisseurs correspondant à des *multiples exacts de T.*

Or, comme la théorie oscillatoire que nous exposerons nous prouvera qu'il n'existe pas de rotation au-dessous de certaines épaisseurs *minima* ; pour des rotations multiples de ces rotations minima, nous n'avons donc à vérifier les équations de l'entrée qu'à des époques multiples exacts de la durée d'une oscillation.

Sur ce point nous sommes d'accord avec la théorie actuelle, et par suite il était inutile de vérifier à chaque instant les équations de l'entrée.

Au point de vue théorique l'erreur de Fresnel, de Mac-Cullagh et de tous les auteurs était alors manifeste, puisque leurs cercles décrits satisfaisaient à la relation

$$\frac{d^2s}{dt^2} = o,$$

et qu'à un tel mouvement ne répond *aucune onde de propagation* dans un milieu élastique.

Il n'est pas mauvais de relever pareil lapsus chez les créateurs mêmes de l'élasticité optique.

Mais quelle était l'origine de l'erreur commise par Fresnel et qui eut une si grande influence sur ses successeurs ?

Fresnel, pour transformer un mouvement rectiligne oscillatoire $r_i = \frac{b}{2} \cos mt$ en un mouvement circulaire, introduit un *mouvement recti-ligne oscillatoire* $\xi = \frac{b}{2} \sin mt$. c'est-à-dire une force *élastique* perpendiculaire. Nous introduisons, au contraire, comme en Mécanique, *une force* perpendiculaire *constante, agissant toujours dans le même sens,* et qui intervient alors à la manière de la pesanteur sur le pendule.

Dans la méthode de Fresnel, le cercle est décrit d'un mouvement continu (1) ; dans notre méthode le mouvement circulaire est pendulaire, comme on le voit par les relations (3).

Or, si nous avions le droit d'introduire cette force constante, si l'attraction de la matière pondérable sur l'éther en vibration dans le milieu réfringent, dans un plan perpendiculaire au rayon incident permettait de comprendre l'existence d'une telle force nouvelle capable de transformer un mouvement rectiligne en mouvement curviligne, l'existence d'un mouvement oscillatoire perpendiculaire ne pouvait s'expliquer. Quelle en était l'origine ? On ne l'indiquait pas, puisque l'attraction n'intervenait pas dans la théorie de Fresnel ou de Mac-Cullagh. Alors, on n'était en présence que d'un artifice de calcul, ayant pour effet de transformer un mouvement rectiligne en un mouvement circulaire. Le plus grand inconvénient de ces artifices de calcul est souvent de tomber à côté. C'est ce que nous venons de voir puisque les cercles ainsi arbitrairement créés ne satisfaisaient pas aux conditions fondamentales de l'élasticité optique, pour engendrer des ondes lumineuses.

Toute notre théorie nouvelle est représentée par les deux figures ci-contre.

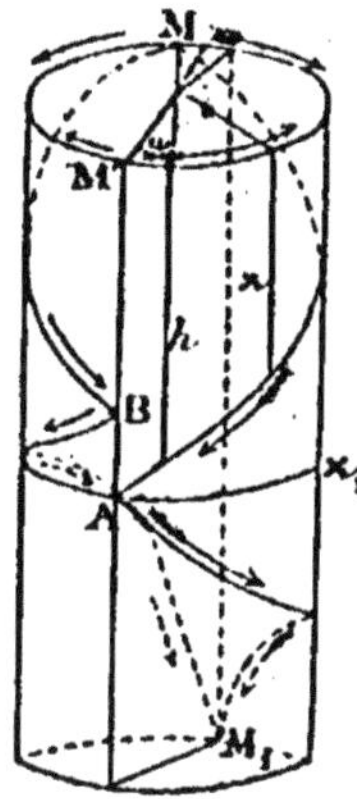
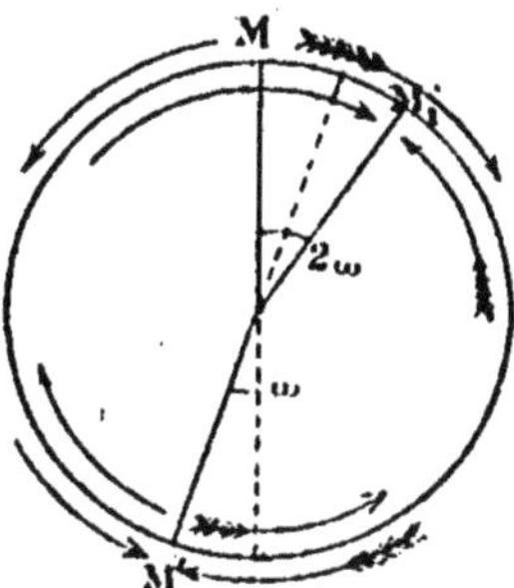

Fig. 1bis.

Ce qu'il y a de fondamental dans cette théorie, c'est qu'elle nous montre par la première figure :

1° Que ce sont les deux *mêmes* rayons *engendrés* en M qui *se retrouvent* en M₁ ;

2° Qu'il faut une épaisseur minima traversée pour qu'il puisse y avoir une rotation du plan primitif de polarisation.

Or, dans la théorie actuelle, le mouvement étant continu et non oscillatoire, les deux rayons droit et gauche se propageant avec des vitesses inégales $v_d > v_g$ ne pouvaient se retrouver. Les rayons qui arrivaient à la sortie devaient partir à des intervalles de temps différents donnés par $z \left(\dfrac{1}{v_g} - \dfrac{1}{v_d} \right)$, z étant l'épaisseur traversée. Donc, si cette épaisseur était infiniment grande, l'intensité lumineuse de la source avait le temps de varier ; si l'on faisait passer une roue dentée devant le cristal, on pouvait

arriver précisément à supprimer le rayon incident engendrant le circulaire
droit au moment même où il devait partir pour aller rejoindre le circulaire
gauche antérieurement formé, et par suite à l'obscurité dans un certain
azimut succéderait la lumière, avec le temps.

La théorie actuelle *ne tient donc pas debout*, et cependant jusqu'ici,
faute d'avoir songé aux mouvements circulaires oscillatoires, on était
obligé de s'en contenter.

Une fois mis sur la voie, en cherchant à déterminer les épaisseurs minima qui, pour la première fois, nous donnaient l'explication d'une rotation
sans dispersion dans les lames minces, sans être réduit comme les auteurs
à nous placer obliquement à l'axe pour en chercher l'explication, nous
n'avons pas tardé à reconnaître comment jusqu'ici, on avait été peu difficile dans l'interprétation des formules. Ainsi l'expression de la rotation est

$$R = \varpi \frac{D - G}{\lambda};$$

Dans les anneaux colorés, dans la polarisation chromatique, dans les
franges d'interférence, dans les différences de chemin à un grand nombre
de longueurs d'onde, toutes les discussions des auteurs, roulent comme on
sait, sur les expressions suivantes des différences de chemin en fonction de
la longueur d'onde

$$O - E = 2k\,\frac{\lambda}{2}, \qquad O - E = (2k + 1)\,\frac{\lambda}{2}.$$

Si nous remarquons que la différence de phase entre deux rayons polarisés rectilignement qui interfèrent est représentée dans un cristal biréfringent par

$$\varphi' - \varphi = 2\varpi z \left(\frac{1}{v'} - \frac{1}{v}\right)\frac{1}{T} = 2\varpi \frac{O - E}{\lambda}$$

et que ceux-ci reçus sur un compensateur Babinet, celui-ci permet de
déterminer la différence de marche $\frac{O - E}{\lambda}$, par le déplacement de la frange
correspondant à une différence de chemin $O - E$ due à une différence de
vitesse, il est bien clair que lorsqu'on pose

$$O - E = 2k\,\frac{\lambda}{2}, \qquad \text{ou} \qquad O - E = (2k + 1)\,\frac{\lambda}{2},$$

on n'a en vue que les franges obscures ou brillantes qui se produisent, et

que pareil phénomène ne saurait se rencontrer avec les rayons circulaires
qui, à la sortie, engendrent un *seul rayon* polarisé rectilignement. C'est
précisément pour cela que le compensateur ne peut rien donner et qu'il n'y
a aucun déplacement de la frange centrale, pour les rayons circulaires
droit et gauche reçus sur un compensateur. Mais il suffit de remarquer
que si $\frac{D - G}{\lambda}$ était une quantité constante on aurait parfaitement le droit
de chercher à établir une relation entre D — G et λ par analogie avec ce
qu'on fait dans le cas de franges d'interférences. Or, nous verrons plus loin
que si la rotation était *uniquement due*, comme les auteurs l'ont cru jusqu'ici, à l'inégalité des densités de l'éther sur les deux hélices droite et
gauche conduisant à l'inégalité des vitesses de propagation, la rotation du
plan primitif de polarisation serait inversement proportionnelle à la *simple
longueur d'onde* et non au carré de la longueur d'onde, comme Biot l'a
trouvé. Il en résulte donc qu'en admettant qu'une telle rotation pût se
rencontrer, due uniquement à l'inégalité des vitesses de propagation,
hypothèse actuelle des auteurs, on aurait pour cette rotation, simultanément

$$R = \varpi \frac{D - G}{\lambda} \qquad \text{et} \qquad \frac{D - G}{\lambda} = \text{const.}$$

et que l'étude de cette rotation, qui aurait pu se rencontrer, nous permet-
trait de conclure de suite, comme nous allons le voir, à l'existence de longueurs d'onde infiniment plus petites que les longueurs d'onde actuelles.
Ayant démontré l'existence de ces nouvelles longueurs d'onde, il n'y avait
pas de raison de ne pas admettre qu'elles n'existassent encore quand la
rotation était inversement proportionnelle *au carré* de la longueur d'onde.

Si donc nous discutons nos dernières formules, comme les auteurs
avaient l'habitude de le faire, nous voyons qu'ayant posé $D - G = k\lambda$,
pour $k = 1$

$$D - G = \lambda, \qquad \text{d'où} \quad R = \varpi$$

Ainsi donc, pour une différence de chemin qui, dans le cas des anneaux
colorés, franges d'interférence, etc., était considérée comme très petite,
nous aurions une rotation de 180° ! quand on admettait que la rotation
était en raison inverse de la simple longueur d'onde. Il aurait donc été
impossible de discuter les différences de chemin en fonction des longueurs
d'onde, comme on l'avait toujours fait dans les autres branches de l'Optique,
à moins d'admettre que les longueurs d'onde qui se trouvaient dans cette

polarisation rotatoire, étaient *infiniment plus petites* que celles des franges d'interférence et que l'on eût, m étant un grand nombre

$$\lambda = m\lambda^{(m)}, \qquad \lambda' = m\lambda'^{(m)}, \qquad \lambda'' = m\lambda''^{(m)}, \ldots$$

d'où

$$R = \frac{\varpi}{m} \frac{D - G}{\lambda^{(m)}};$$

dans ces conditions, on pouvait avoir

$$D - G = k\lambda^{(m)},$$

où $D - G$ et $\lambda^{(m)}$ étaient *du même ordre de grandeur*, comme dans les franges d'interférence $O - E$ et λ sont du même ordre de grandeur.

Et c'est ainsi que, rapprochant une fois de plus la lumière du son, nous avons conclu que la tonalité des lumières était limitée, qu'il existait des octaves des longueurs d'onde fondamentales, comme il existe des octaves des sons fondamentaux, et que la notion du timbre devait s'étendre aux couleurs. Poursuivant cette analyse et l'appliquant à l'étude des recherches de Fizeau et Foucault, nous avons conclu que l'on avait encore

$$L = m\lambda, \qquad L' = m\lambda', \ldots \qquad L'' = m\lambda''.$$

Les anneaux colorés de différents ordres dans lesquels le violet précède immédiatement le rouge comme dans les gammes si_1 précède ut_2 et par suite a sensiblement la même longueur d'onde, ce qui explique la photographie des couleurs, nous prouvant l'accroissement des longueurs d'onde avec les différences de chemin, et non comme on l'enseignait la multiplicité de longueurs d'ondes invariables. Cette hypothèse soulevait la même objection que nous avons déjà vue, à savoir que pour de grandes différences de chemin les rayons qui interféraient auraient dû partir à des intervalles de temps considérables et tels que l'intensité de la source lumineuse aurait eu le temps de varier du tout au tout. On faisait donc ainsi disparaître cette objection, en même temps que l'on montrait que les longueurs d'onde étaient susceptibles de devenir du même ordre de grandeur que celles de Hertz, tout en assimilant complètement la gamme chromatique à celle des sons, c'est-à-dire en limitant le nombre des lumières fondamentales, qui ne saurait varier de zéro à l'infini comme les longueurs d'onde.

Un prisme d'un angle déterminé α ne révèle qu'*une* gamme chromatique $\lambda_r^{(\alpha)} \ldots \lambda_{v}^{(\alpha)}$ allant des rayons de Langley aux rayons ultra-violets.

La notion des longueurs d'onde infiniment petites introduite dans la polarisation rotatoire, nous avons pu reprendre cette étude et tout d'abord en suivant la méthode même de Fresnel.

Celui-ci avait admis arbitrairement qu'une *seule* circonférence augmentée ou diminuée d'un angle de rotation 2ω était décrite dans le temps T de l'oscillation du rayon incident, et que l'amplitude était de moitié. Nous avons supposé l'amplitude de nos circonférences beaucoup plus petite de manière que m circonférences eussent été décrites et que l'on eût $2\omega = 2m\omega^{(m)}$ dans le même temps T, si bien qu'aux cercles de Fresnel nous avions substitué dans la même théorie les suivants :

$$\eta = \frac{\beta}{2}\cos 2m\varpi\frac{t}{T}, \qquad \eta' = \frac{\beta}{2}\cos 2m\varpi\frac{t}{T},$$

$$\xi = \frac{\beta}{2}\sin 2m\varpi\frac{t}{T}, \qquad \xi' = -\frac{\beta}{2}\sin 2m\varpi\frac{t}{T},$$

ayant à l'entrée

$$y = b\cos 2\varpi\frac{t}{T} \qquad \text{dans le vide.}$$

Nous verrons plus bas comment nous obtenons β en fonction de b comme équation de condition.

En nommant τ le temps de révolution d'une circonférence de rayon $\frac{\beta}{2}$ on avait donc

$$m\tau = T$$

d'où pour les équations de l'entrée

$$\eta = \frac{\beta}{2}\cos 2\varpi\frac{t}{\tau}, \qquad \eta' = \frac{\beta}{2}\cos 2\varpi\frac{t}{\tau},$$

$$\xi = \frac{\beta}{2}\sin 2\varpi\frac{t}{\tau}, \qquad \xi' = -\frac{\beta}{2}\sin 2\varpi\frac{t}{\tau},$$

et à une certaine distance x

$$\eta = \frac{\beta}{2}\cos 2\varpi\left(\frac{t}{\tau} - \frac{x}{v'\tau}\right), \qquad \eta' = \frac{\beta}{2}\cos 2\varpi\left(\frac{t}{\tau} - \frac{x}{v'\tau}\right),$$

$$\xi = \frac{\beta}{2}\sin 2\varpi\left(\frac{t}{\tau} - \frac{x}{v'\tau}\right), \qquad \xi' = -\frac{\beta}{2}\sin 2\varpi\left(\frac{t}{\tau} - \frac{x}{v'\tau}\right).$$

On voit donc que s'introduisaient ainsi naturellement les nouvelles longueurs d'onde infiniment petites

$$\lambda_1^{(m)} = v'\tau = \frac{v'T}{m} = \frac{\lambda_1}{m}, \qquad \lambda^{(m)} = v'\tau = \frac{v''T}{m} = \frac{\lambda_2}{m},$$

et que par conséquent, si au lieu d'admettre *a priori* comme Fresnel que l'amplitude de ses cercles était juste moitié de l'amplitude du rayon incident, si comme rationnellement on devait le faire on eût laissé indéterminée $\frac{\beta}{2}$ cette amplitude, le nombre de circonférences décrites dans le temps T était fonction de cette amplitude ; par suite, comme nous venons de le voir, des longueurs d'onde. Mais la valeur de m doit être la même pour toutes les lumières.

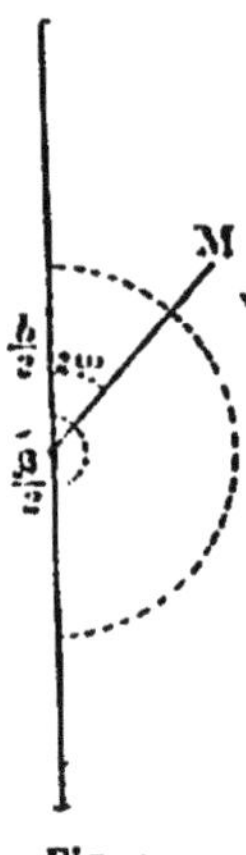

Fig. 2.

Dans la théorie de Fresnel pour retrouver la même rotation, il faut évidemment que deux mobiles parcourant les cercles de rayons $\frac{b}{2}$, $\frac{\beta}{2}$ se retrouvent en M, l'un ayant parcouru un arc $2\varpi + 2\omega$ et l'autre des arcs $2m\varpi + 2m\omega^{(m)}$ au bout du temps T. Le chemin total parcouru devant être le même on a

$$\frac{b}{2}(2\varpi + 2\omega) = \frac{\beta}{2}(2m\varpi + 2m\omega^{(m)}) = \frac{\beta}{2}(2m\varpi + 2\omega),$$

d'où

$$\beta = b\,\frac{2\varpi + 2\omega}{2m\varpi + 2\omega},$$

avec une autre lumière, on aurait

$$\beta' = b' \frac{2\varpi + 2\omega'}{2m\varpi + 2\omega'},$$

m devant être le même pour toutes les lumières pour que la tonalité ne soit pas changée. Quant à m, il dépend de la nature du milieu, qui pour des épaisseurs très faibles possède encore une rotation, mais pas de dispersion rotatoire.

Ainsi aux longueurs d'onde des auteurs λ_1, λ_2, *infiniment grandes* dans la polarisation rotatoire par rapport aux différences de chemin D — G *infiniment petites* à cause des vitesses des rayons circulaires droit et gauche à peine différentes les unes des autres, nous avons substitué des longueurs d'onde $\frac{\lambda_1}{m}$, $\frac{\lambda_2}{m}$ qui *sont celles que l'on rencontre réellement ici.* Ce sont les octaves supérieures des longueurs d'onde fondamentales des auteurs. Elles sont parcourues dans des temps $\tau = \frac{T}{m}$ sans qu'il y ait d'autre modification que celle *du timbre* de la lumière, exactement comme dans les sons les plus aigus ut_m, $ré_m$ . . . si_m, on retrouve les notes fondamentales ut_1, $ré_1$ . . . si_1. On pouvait le prévoir. Un des points que l'on devait critiquer tout d'abord dans la manière de faire des auteurs, c'est d'avoir posé l'équation de condition

$$y = y' + y''$$

en supposant que *l'amplitude* changeait et que cependant T restait invariable.

Or, si l'on se reporte aux formules générales,

$$y = b \cos 2\varpi \frac{t}{T}, \qquad y = b' \cos 2\varpi \frac{t}{T'}, \qquad y = b' \cos 2\varpi \frac{t}{T''}, \ldots$$

l'amplitude est essentiellement fonction de la durée T d'une oscillation complète. C'est ce que l'on voit nettement, lorsque l'on figure sur un tambour noirci les oscillations de deux diapasons. Du moment que dans *le même temps* l'un devra écrire dix vibrations doubles et l'autre une vibration, il est bien clair que *l'amplitude* du *grand nombre* de vibrations devra être *plus petite* que celle d'une seule vibration. Toutes les figures montrent que l'on a

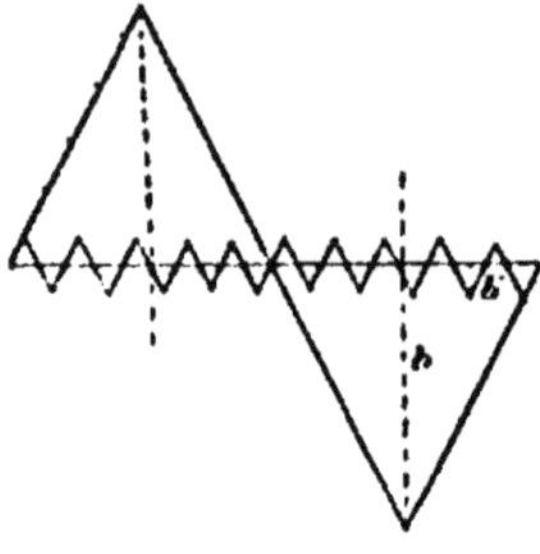

Fig. 3.

La totalité du chemin tracé par les petites vibrations est sensiblement égale au chemin inscrit de la grande vibration, et il ne saurait en être autrement ;

Si

$$b \text{ correspond à } \frac{T}{4},$$

et

$$b' \text{ correspond à } \frac{T'}{4},$$

on voit que si $T' = \frac{T}{10}$, on a sensiblement $b' = \frac{b}{10}$.

Donc lorsque Fresnel et tous les auteurs substituent à

$$y = b \cos 2 \varpi \frac{t}{T},$$

deux mouvements d'amplitude $\frac{b}{2}$, ils devaient en même temps admettre que T devenait $\frac{T}{2}$, c'est-à-dire que l'on obtenait l'octave supérieure. Il aurait suffi de faire cette remarque pour prouver dès l'origine dans la polarisation rotatoire l'existence de lumières dont les longueurs d'onde étaient en rapport harmonique avec celles du rayon incident. Avoir supposé l'invariabilité de T quand l'amplitude des nouveaux rayons était supposée diminuer de moitié était une grosse erreur que l'on n'aurait jamais commise en Acoustique, et qui s'est perpétuée en Optique.

Pour s'exprimer comme on le ferait en Acoustique : à un *changement
d'amplitude* répondait un changement *de timbre* des lumières. Changement
de timbre qui ne modifie ni la nature de la lumière qui, pour la
rétine, rouge dans le premier milieu restera rouge dans le second, mais
changement de timbre qui nous permet de concevoir que comme en Acoustique on ait ici pour une même lumière simple

$$\lambda^{(m)} = \frac{\lambda}{m},$$

et que l'on avait dans les recherches de Fizeau et Foucault

$$L = m\lambda,$$

m étant un entier.

Ayant établi ce fait pour la première fois, ayant de plus montré que les
cercles décrits l'étaient d'un mouvement oscillatoire, nous nous sommes
occupé de l'expression de la rotation du plan primitif de polarisation
donnée par la formule de Fresnel

$$R = \varpi z \left(\frac{1}{v''} - \frac{1}{v'} \right) \frac{1}{T} = \varpi \frac{D - G}{\lambda}.$$

Mais ici nouvelle objection que les auteurs se sont prudemment abstenus
de faire depuis Biot jusqu'à nos jours. Pourquoi n'obtient-on pas de suite
$R = \varpi z \dfrac{B}{\lambda^2}$, que donne l'expérience ?

Ceci nous amène à voir si le calcul de la rotation du plan primitif de
polarisation donné par Fresnel était bien exact, et si l'on devait regarder
comme suffisante l'hypothèse par laquelle on arrivait à cette rotation.

Dans la méthode de Fresnel on partait des deux formules

$$\eta_1 = \frac{b}{2} \cos 2 \varpi \left(\frac{t}{T} - \frac{z}{v'T} \right), \qquad \eta_1' = \frac{b}{2} \cos 2 \varpi \left(\frac{t}{T} - \frac{z}{v''T} \right),$$

$$\xi_1 = \frac{b}{2} \sin 2 \varpi \left(\frac{t}{T} - \frac{z}{v'T} \right), \qquad \xi_1' = -\frac{b}{2} \sin 2 \varpi \left(\frac{t}{T} - \frac{z}{v''T} \right).$$

Or, dans ces formules, v', v'' étaient de véritables vitesses de propagation
au sens mécanique du mot.

Il s'en suit que Fresnel ayant établi sa théorie de la réflexion et de la
réfraction de la lumière polarisée en admettant comme le rappelle Verdet

« que la vitesse de propagation d'un mouvement vibratoire dans un milieu homogène est toujours comme on sait égale à $\sqrt{\dfrac{e}{d}}$, e représentant l'élasticité du milieu, et d sa densité » (Verdet, *Leçons d'Optique*, t. II, p. 396) on se demande pourquoi Fresnel n'a pas eu recours à la même formule en spécifiant que d' étant la densité sur l'hélice droite, d'' sur l'hélice gauche symétrique, on avait pour les vitesses suivant l'axe principal en prenant pour simplifier égal à 1 le terme proportionnel [1]

$$v' = \sqrt{\frac{e}{d'}}, \qquad v'' = \sqrt{\frac{e}{d''}}.$$

La raison en est bien simple ; les hypothèses de Fresnel donnant

$$R' = \varpi z \left(\frac{1}{v''} - \frac{1}{v'} \right) \frac{1}{T} = \varpi z \left(\frac{1}{l_2} - \frac{1}{l_1} \right),$$

si, au lieu de laisser *prudemment* dans le vague les vitesses, v', v'', il eut invoqué la formule exacte des longueurs d'onde, celle qu'il avait admise en 1823, en invoquant la formule « bien connue » de Newton, il aurait obtenu

$$R' = \varpi z \cdot \frac{1}{\sqrt{e}} \left(\sqrt{d''} - \sqrt{d'} \right) \frac{1}{T},$$

et par conséquent sa théorie conduisait à la raison inverse *de la longueur d'onde*. C'est pour *dissimuler cet insuccès de sa méthode de démonstration* qu'il s'est bien gardé de faire appel à la formule de Newton qu'il ne s'était pas fait scrupule d'invoquer pour la théorie de la réflexion et de la réfraction de la lumière polarisée.

En réalité l'hypothèse de Fresnel précieusement conservée par Mac-Cullagh et tous les auteurs dans leurs ouvrages classiques ne pouvait conduire d'*une façon absolue qu'à la raison inverse de la simple longueur d'onde*.

En effet, nous verrons que si l'inégalité des vitesses de propagation, fonction de l'inégalité des densités de l'éther sur les deux hélices conduit à une rotation du plan primitif de polarisation, on obtiendrait encore, même en admettant l'égalité des densités de l'éther sur les deux hélices, une rotation en tenant compte de la relation qui existe nécessairement suivant les chimistes enfre le pouvoir rotatoire et la constitution stéréo-chimique des

---

[1] Nous montrerons que les deux hélices ont nécessairement le même pas (*fig.* 1bis) quand on tient compte de la formule des vitesses de Newton, ce qui entraine la même valeur pour le terme proportionnel.

corps. L'existence de deux tétraèdres symétriques dans le cas du carbone asymétrique a été démontrée d'une façon indubitable. Or, l'attraction newtonienne qu'ils exercent sur la lumière polarisée rectilignement transforme celle-ci en lumière circulaire oscillatoire et produit, même en admettant sur les deux hélices droite et gauche la même densité de l'éther, une rotation R' du plan primitif de polarisation.

De sorte que la rotation due et à l'inégalité des densités de l'éther sur les deux hélices et à l'attraction des deux tétraèdres du carbone asymétrique, s'obtiendra d'après la règle de Borda par la formule

$$R = \sqrt{R'R''}.$$

C'est dans ces conditions *seulement* que l'on vérifie la formule expérimentale de Biot, c'est-à-dire que l'on retrouve la raison inverse du *carré* de la longueur d'onde.

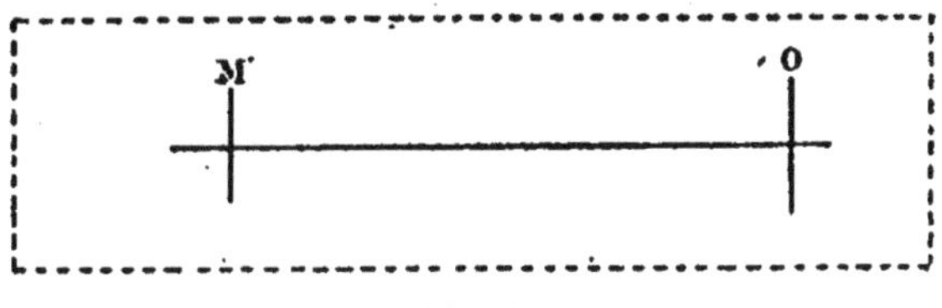

Fig. 4.

Donc du moment que les auteurs n'avaient admis qu'un des deux phénomènes, l'inégalité des vitesses de propagation due à l'inégalité des densités de l'éther sur les deux hélices, ils ne pouvaient arriver qu'à la raison inverse de la *simple* longueur d'onde.

Fresnel s'étant bien gardé, nous venons de voir pourquoi, d'invoquer la formule de Newton qui était la condamnation de sa démonstration, Mac-Cullagh et tous les auteurs adoptant la formule et la démonstration de Fresnel cherchèrent à prouver que $\left(\frac{1}{v''} - \frac{1}{v'}\right)$ était proportionnel à $\frac{1}{\lambda}$. Car il fallait retrouver la formule expérimentale de Biot, $R = \varpi z \frac{B}{\lambda^2}$. Mac-Cullagh passe pour avoir fait cette démonstration ; nous montrerons qu'il n'en est rien, même avec ses formules et ses raisonnements.

Mais il importe, puisque dans la formule de Fresnel entrent des longueurs d'onde, d'éclaircir cette question des longueurs d'onde dans ce cas particulier, ce qui nous permettra en même temps de nous étendre sur cette partie que nous avions abrégée dans notre théorie nouvelle de la dispersion.

Dans un même milieu ainsi que nous l'avons montré, il y a des longueurs d'onde *absolues* comme dans le vide et des longueurs d'onde *relatives* comme dans les milieux réfringents.

Les longueurs d'onde sont absolues comme dans le vide quand l'origine du mouvement M et l'observateur O sont *dans le même milieu*, dans ce cas la longueur d'onde λ, est liée à la vitesse v_0 et à la durée T d'une oscillation par la formule (*fig.* 4)

$$(4) \qquad\qquad \lambda = v_0 T,$$

et la vitesse v_0 est donnée *numériquement* par la formule de Newton (Verdet, *Leç. d'Opt.*, t. II, p. 102)

$$v_0 = \sqrt{\frac{e}{d}},$$

« *e* étant l'élasticité, et *d* la densité de l'éther ». Le mouvement oscillatoire est représenté en un point quelconque du milieu par

$$\frac{d^2\varepsilon}{dt^2} = F\varepsilon,$$

et l'on a

$$\text{en M} \quad \varepsilon = \delta \sin 2\varpi \frac{t}{T}, \qquad\qquad \text{en O} \quad \varepsilon = \delta \sin 2\varpi \left(\frac{t}{T} - \frac{x}{\lambda}\right),$$

de plus

$$F = -\frac{4\varpi^2}{T^2} = \text{const. de M en O.}$$

Si l'*origine* du mouvement est *dans le milieu pondérable*, on aura comme ci-dessus pour la même lumière (T)

$$(4') \qquad\qquad l = v_1 T$$

$$v_1 = \sqrt{\frac{e}{d_1}}, \qquad\qquad F = -\frac{4\varpi^2}{T^2} = \text{const. de M en O,}$$

v_1 étant la vitesse dans le milieu pondérable.

Si l'*origine* du mouvement est *dans le vide* et le point O dans le *milieu réfringent*, alors comme nous l'avons montré dans notre théorie nouvelle de la dispersion (*fig.* 5), la longueur d'onde dans le vide étant toujours λ

et régie par la formule (4), celle dans le milieu réfringent devient « Théorie nouvelle de la dispersion, p. 23 » dans la zone d'attraction de Newton, et dans celle-ci seulement

$$(4^{bis}) \qquad l_{\text{\tiny 1}} = v_{\text{\tiny 1}} \left(1 \pm \frac{0}{T} \right) T,$$

et F n'est plus constant de M en O, à cause de l'attraction newtonienne. F prend une valeur Φ :

$$\Phi = F \left[1 + 3 \left(\frac{0}{T} \right)^2 + 5 \left(\frac{0}{T} \right)^4 + \ldots \right],$$

dans la zone d'attraction des deux milieux, mais dans celle-ci seulement. Quand on est sorti de la zone d'attraction, la longueur d'onde du milieu réfringent est de nouveau liée à la vitesse $v_{\text{\tiny 1}}$ et à T par la formule habituelle $l = v_{\text{\tiny 1}}T$, par suite Φ reprend sa valeur F du vide.

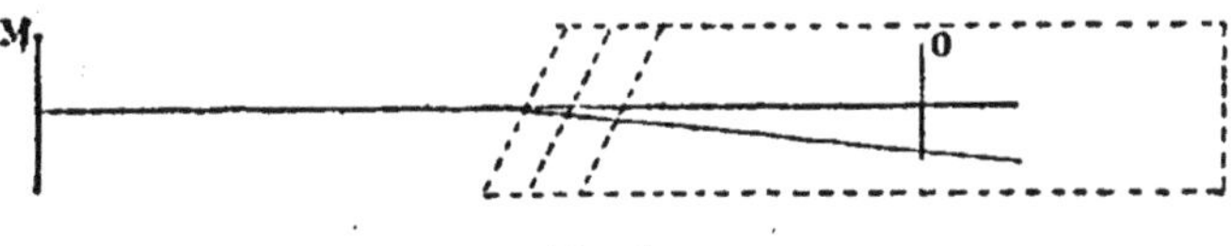

Fig. 5.

Dans ce milieu réfringent, l donné par (4') est une longueur d'onde *absolue* connue, puisque $v_{\text{\tiny 1}}$ est donné par la formule de Newton, et *complètement indépendante des phénomènes spéciaux qui se produisent à la surface de séparation des deux milieux et dont l'indice est la mesure.*

Au contraire, $l_{\text{\tiny 1}}$ est une longueur d'onde *relative liée à celle du vide* où se trouve l'origine du mouvement, par la formule que nous avons directement démontrée dans notre « Théorie nouvelle de la dispersion », p. 59,

$$(5) \qquad n = \frac{\lambda}{l_{\text{\tiny 1}}},$$

n étant l'indice.

Comme nous avons prouvé que dans les milieux réfringents non hémiédriques on avait quand toutes les lumières se propageaient *avec la même vitesse*

$$n = A + \frac{B}{\lambda^2} + \frac{C}{\lambda^4} + \ldots$$

il en résulte donc que

$$n = A + \frac{Bn^2}{l_1^2} + \frac{Cn^4}{l_1^4} + \ldots \qquad \text{et non} \qquad n = A + \frac{Bn^2}{l^2} + \frac{Cn^4}{l^4} + \ldots$$

comme tous les auteurs l'ont écrit.

Donc, ou bien l'origine du mouvement sera dans le milieu réfringent, et alors on invoquera la formule

$$l = \sqrt{\frac{e}{d_1}} \cdot T,$$

ou comme ceci se présente toujours dans les corps pondérables, l'origine du mouvement sera dans le vide et alors c'est la formule

$$l_1 = \sqrt{\frac{e}{d_1}} \left(1 \pm \frac{0}{T} \right) T,$$

qu'il faudra invoquer pour obtenir l'indice de réfraction, formule dans laquelle la *vitesse de toutes les lumières simples est constante.*

L'erreur de tous les auteurs est que, n'ayant pas fait cette distinction entre les longueurs d'onde absolues et relatives, voulant que (4) fût la formule générale des longueurs d'onde, même à *l'entrée* des milieux réfringents, pour satisfaire à la formule (5) ils étaient obligés d'admettre dans les indices que $v_1\left(1 \pm \frac{0}{T} \right)$ était une vitesse qu'ils représentaient par v_λ. Alors se trouvant en présence de la formule de Newton

$$v_1 = \sqrt{\frac{e}{d_1}},$$

qui donne l'égalité des vitesses de propagation des lumières simples où « e est l'élasticité, d_1 la densité », ils en étaient réduits ou *à ne plus dire un mot de cette formule*, ou *à faire semblant de confondre l'élasticité e* avec la force élastique $F = -\frac{4\varpi^2}{T^2}$.

Ne connaissant pas cette distinction entre la longueur d'onde absolue et relative, croyant de plus que le rapport des vitesses donnait l'indice, les auteurs n'ont pu admettre que l'on eût

(a) $$\frac{\lambda}{l} = \frac{\lambda'}{l'} = \frac{\lambda''}{l''} = \ldots\ldots$$

l, l', l'', ... étant les longueurs d'onde absolues du milieu pondérable, et λ, λ', λ''... celles du vide.

Si l_r, l_j, ... l_i sont les longueurs d'ondes *relatives* du milieu réfringent *dans la zone d'attraction de Newton*

$$n_r = \frac{\lambda_r}{l_r}, \qquad n_j = \frac{\lambda_j}{l_j}, \qquad n_i = \frac{\lambda_i}{l_i},$$

on voit que

(*b*)
$$\frac{\lambda_r}{l_r} > \frac{\lambda_j}{l_j} \ldots > \frac{\lambda_i}{l_i},$$

et que les relations (*a*) et (*b*) auront lieu *simultanément* en supposant que les *vitesses de propagation soient égales* et données par les formules de Newton

$$v_0 = \sqrt{\frac{e}{d}}, \qquad v_1 = \sqrt{\frac{e}{d_1}},$$

C'est parce que les auteurs, n'ayant pas songé à l'attraction newtonienne, ne pouvaient connaître cette distinction entre les longueurs d'onde absolues et relatives, qu'ils les confondaient et qu'ayant la formule de Cauchy dans laquelle V représentera les vitesses des lumières simples en fonction des longueurs d'onde

$$V^2 = A + \frac{B}{l^2} + \frac{C}{l^4} + \ldots$$

ils ne s'étaient pas aperçus que dans celle-ci, les longueurs d'onde n'étaient qu'*absolues* et ne *pouvaient être relatives*, ils étaient persuadés que cette formule donnait la preuve même de l'inégalité des vitesses de propagation. Et alors ils se contentaient de garder le silence quand on leur demandait de faire concorder cette manière de voir avec la relation de Newton $v_j^2 = \frac{e}{d_1}$.

Il est facile de prouver et d'expliquer tous ces faits.

Si l'on se reporte à la théorie de la dispersion donnée par Cauchy, on voit que l'on part des formules

$$\frac{d^2 r_i}{dt^2} = F r_i, \qquad r_i = \delta \sin 2\varpi \left(\frac{t}{T} - \frac{x}{VT} \right),$$

qui conviennent à *un seul milieu*. Comme nous l'avons rappelé plus haut de M à O, la force F est *rigoureusement la même*.

Dans ces conditions, en posant $l = \mathrm{VT}$, l est une longueur d'onde *absolue*, puisque M et O sont dans le même milieu. Comme on obtient

$$\mathrm{F} = -\frac{4\varpi^2}{\mathrm{T}^2},$$

que F est resté rigoureusement constant de M en O, il s'en suit qu'en remplaçant $\frac{1}{\mathrm{T}}$ par $\frac{\mathrm{V}}{l}$ on aura

$$\mathrm{F} = -\frac{4\varpi^2}{l^2}\,\mathrm{V}^2.$$

D'un autre côté, Cauchy est arrivé (Théorie nouvelle de la dispersion p. 45) à

$$\mathrm{F}.\,\eta = -\frac{4\varpi^2}{\mathrm{T}^2}\,\eta = 2m\Sigma\mu.\mathrm{M}\eta_i\left[\frac{\varpi^2}{\mathrm{T}^2\mathrm{V}^2}\,\Delta x^2 - \frac{1}{3}\frac{\varpi^4}{\mathrm{T}^4\mathrm{V}^4}\,\Delta x^4 + \ldots\right],$$

par conséquent en substituant à F la valeur ci-dessus, il a obtenu

$$\mathrm{V}^2 = \mathrm{A} + \frac{\mathrm{B}}{\mathrm{V}^2\mathrm{T}^2} + \frac{\mathrm{C}}{\mathrm{V}^4\mathrm{T}^4} + \ldots$$

où $\mathrm{VT} = l$ sera une longueur d'onde *absolue* tout à fait indépendante de l'indice, par conséquent de celle du vide, et ne dépendant que du *milieu unique* dans lequel on a établi cette formule.

C'est parce que les auteurs ont cru que les longueurs d'onde qui entraient dans cette formule étaient des longueurs d'onde relatives, fonctions de l'indice, c'est-à-dire fonctions de tous les phénomènes qui peuvent se produire à la séparation de deux milieux; qu'ils ont été persuadés avoir par cette formule la preuve de l'inégalité de propagation des lumières simples.

Mais cette idée fausse était tellement ancrée dans les esprits que, reconnaissant finalement depuis notre dernier mémoire que dans la formule

$$(6) \qquad \mathrm{V}^2 = \mathrm{A} + \frac{\mathrm{B}}{l^2} + \frac{\mathrm{C}}{l^4} + \ldots$$

l était une longueur d'onde *absolue*, *indépendante de l'indice*, ils n'en continuaient pas moins à dire ceci : « les longueurs d'onde absolues ayant des valeurs inégales, les vitesses sont donc nécessairement inégales ». Ils montraient ainsi qu'ils oubliaient que lorsque l'on parle d'une vitesse on sous-entend la valeur *numérique* de celle-ci. L'expression $\sqrt{\dfrac{e}{d}}$ est la valeur *numérique* de la vitesse de Newton. Et si au lieu de supposer comme Cauchy que l'on ait pour les longueurs d'onde

$$l = \text{VT}, \qquad l' = \text{V}''\text{T}', \qquad l' = \text{V}''\text{T}', \ldots$$

on eut admis

$$l = \text{VT}, \qquad l' = \text{VT}', \qquad l' = \text{VT}'',$$

on serait tombé sur la même formule (6). C'est même ce qui embarrassa si fort Cauchy et l'amena à supposer que pour le vide on eût B $=$ o, C $=$ o.

On voit donc que Cauchy, comme tous les auteurs d'aujourd'hui, était persuadé que cette formule donnait la preuve de l'inégalité de propagation des lumières simples. Il est vrai que Cauchy n'ayant pas fait de distinction entre les longueurs d'onde absolues et relatives, avait dans ses formules substitué à l l'expression $\dfrac{\lambda}{n}$ qui ne convient qu'aux longueurs d'onde relatives l_1.

Puisqu'en supposant que les vitesses de propagation fussent égales, on arrivait à la même formule (6), on devait donc tout d'abord conclure que cette formule ne pouvait *par elle-même* rien apprendre sur cette égalité ou inégalité.

Pour juger que deux vitesses sont inégales, il faut, ce que l'on paraît généralement oublier, commencer par en déterminer la valeur numérique.

C'est parce que dans la comparaison de deux vitesses il ne peut être question que des valeurs *numériques* de celles-ci, que voulant comparer les vitesses de Cauchy à celles de Newton nous avions dit dans notre « Théorie nouvelle de la dispersion » qu'il fallait diviser les dernières par T. Si V_1 est la valeur numérique de la vitesse de Cauchy correspondant à T $=$ 1, savoir à un temps $\dfrac{1''}{N}$ puisque NT $=$ 1'', v_1 la valeur numérique de la vitesse mécanique correspondant à 1'', on a les figures suivantes

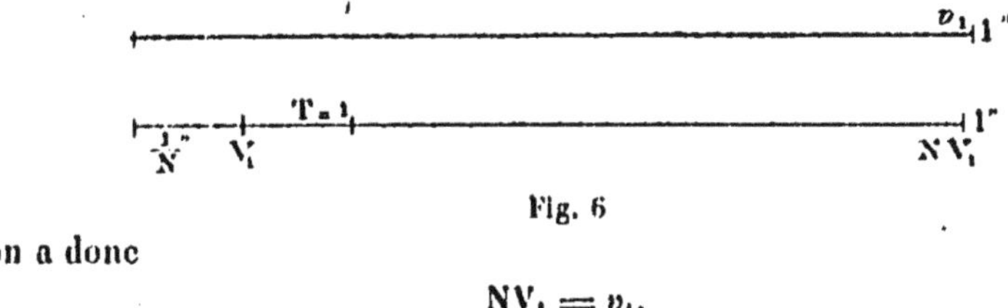

Fig. 6

on a donc

$$\text{NV}_1 = v_1,$$

d'où

$$\frac{\text{V}_1}{\text{T}} = v_1.$$

Ainsi pour juger entre elles les valeurs numériques des vitesses d'élasticité telles que la donnait la formule de Cauchy, il fallait commencer par en diviser les valeurs par T, T', T''. Chacune, en effet, représentait l'espace parcouru pendant l'unité de temps d'*une oscillation* différente pour les diverses lumières.

D'après cela, les longueurs d'ondes absolues l, l', l'', étant décrites dans des temps T, T', T'', . . . on les ramènera à des espaces e, e', e'', . . . parcourus en $1''$, en posant $\frac{T}{l} = \frac{1''}{e}$, $\frac{T'}{l} = \frac{1''}{e'}$ . . . , si les vitesses sont supposées inégales,

d'où
$$V^2 = A + \frac{B}{e^2 T^2} + \frac{C}{e^4 T^4} + \ldots ;$$

par suite si l'on admettait que, e, e', e'' fussent inégaux, on aurait

$$V_1^2 = (A + B' + C' + \ldots) \qquad \text{pour } T = 1,$$
$$V_1'^2 = (A + B'' + C'' + \ldots) \qquad \text{pour } T' = 1.$$

Ainsi les valeurs numériques seraient *inégales* avec les diverses lumières dans le cas seulement où les *vitesses de propagation seraient inégales*. Mais, bien entendu, il aurait fallu prendre $T = T' = T'' = 1$. Dans le cas, au contraire, où les vitesses sont exprimées en fonction de la durée des oscillations, comme le sont les vitesses d'élasticité, on aura, sachant que $NT = 1$:

$$(6^{bis}) \qquad V^2 = A + N^2 . B + N^4 . C + \ldots$$

pour l'expression générale d'une vitesse d'élasticité quand les vitesses de propagation seront égales, $e = e'$, e'', . . . ;
de sorte que l'on aurait

$$V_N^2 \gtrless V_{N'}^2 \gtrless V_{N''}^2,$$

même quand les vitesses de propagation étaient égales, savoir

$$\frac{V_N}{T} = \frac{V_{N'}}{T'} = \frac{V_{N''}}{T''} = v_1.$$

La formule générale de l'élasticité ne pouvait donc rien apprendre sur l'égalité ou l'inégalité des vitesses de propagation des lumières simples, puisqu'il aurait fallu observer directement des vitesses de propagation

comme MM. Forbes et Young l'ont fait. Et qu'on n'a rien pu tirer de leurs
expériences. On ne pouvait donc savoir si dans la formule (6bis) les coefficients A, B, C, . . . étaient ou non constants pour toutes les lumières. La
constance de ces coefficients entraînait l'égalité des vitesses de propagation.

L'erreur commise par tous les auteurs est, qu'étant arrivé à la formule
dont ils oubliaient la démonstration

$$(6) \qquad V^2 = A + \frac{B}{l^2} + \frac{C}{l^4} + \cdots$$

ils ont cru que dans cette formule la longueur d'onde *absolue* était relative,
et par suite, qu'ils pouvaient légitimement remplacer $\frac{1}{l}$ par $\frac{n}{\lambda}$. C'est une
première erreur, puisque l'on peut avoir pour toutes les lumières
$\frac{\lambda}{l} = \frac{\lambda'}{l'} = \frac{\lambda''}{l''} = \cdots$ même en ayant $\frac{\lambda_r}{l_r} > \frac{\lambda_j}{l_j} > \cdots > \frac{\lambda_i}{l_i}$ quand les vitesses sont égales.

Mais l'égalité (6) ci-dessus ne pouvait plus être établie, attendu qu'il a
fallu admettre la constance absolue de F de la source à la molécule en vibration dans le milieu réfringent. Or, la source étant dans le vide, on a
F = const. dans le milieu réfringent, mais on a

$$\Phi = F \left[1 + 3 \left(\frac{0}{T} \right)^2 + 5 \left(\frac{0}{T} \right)^4 + \cdots \right]$$

dans la zone de séparation des deux milieux.

La formule générale de l'élasticité n'avait donc établi de relation qu'entre
la vitesse et les longueurs d'onde *absolues* d'un milieu. Or, les expériences
de MM. Forbes et Young n'ayant rien donné, on ne pouvait pas savoir si
les relations

$$\frac{l}{T} = \frac{l'}{T'} = \frac{l''}{T''} = \cdots$$

se vérifiaient ou ne se vérifiaient pas. D'après l'absence de dispersion dans
le vide et la formule de Newton, il y avait tout lieu d'admettre qu'elles se
vérifiaient dans les milieux pondérables comme dans le vide.

Mais il résultait de cette analyse que l'on commettait une *grosse erreur*
en croyant tirer de la formule (6bis) de l'élasticité une vitesse de propagation nécessairement en contradiction avec celle de Newton et Laplace. Cette
erreur fut commise par Cauchy et tous les auteurs qui substituaient dans

la formule générale des longueurs d'onde *relatives* aux longueurs d'onde *absolues*, les seules qui entrent légitimement dans cette formule.

Cette erreur fut aussi commise tout au long par Mac-Cullagh dans sa théorie de la polarisation rotatoire. Fresnel l'avait évitée avec soin en n'invoquant ni la formule de Newton, ni une formule analogue à celle dans laquelle Cauchy avait introduit les indices. Fresnel avait laissé prudemment indéterminées les vitesses de ses deux rayons.

Si l'on voulait admettre une circonstance atténuante à l'erreur commise par tous les auteurs d'avoir introduit les indices dans la formule des vitesses de l'élasticité, on pouvait invoquer ce fait que la lumière passait d'un milieu isotrope dans un milieu isotrope, et du moment que l'on oubliait l'attraction newtonienne, la [constance de F était certaine même au moment du changement de milieu. Au contraire, dans la polarisation rotatoire la lumière prend son origine dans un milieu non hémiédrique et pénètre dans un milieu hémiédrique. Et cependant on admettait encore cette constance qui résultait des hypothèses faites sur les vitesses et les longueurs d'onde. Nous verrons plus loin ce que nous en concluons pour la nature des vitesses.

Mais c'est surtout dans la polarisation rotatoire que s'introduit la distinction à faire entre les deux longueurs d'onde, et qu'on vérifie d'une façon remarquable la formule (4bis).

Ici l'origine du mouvement a lieu dans un milieu *non hémiédrique*, et la polarisation rotatoire dans un milieu *hémiédrique*.

Nous montrerons que les *longueurs d'onde sont liées au pouvoir rotatoire*, et que l'on a pour les longueurs d'onde des rayons droit et gauche :

$$(7) \qquad l_1^{(m)} = v_d \left(1 + \frac{\omega^{(m)}}{\varpi} \right) \tau, \qquad\qquad l^{(m)} = v_g \left(1 - \frac{\omega^{(m)}}{\varpi} \right) \tau,$$

v_d, v_g satisfaisant à la formule ordinaire de Newton

$$v_d = \sqrt{\frac{e}{d}}, \qquad\qquad v_g = \sqrt{\frac{e}{d'}},$$

c'est-à-dire étant constantes pour toutes les lumières, $\omega^{(m)}$ étant la rotation élémentaire pour chaque lumière.

Ces formules viennent confirmer de la façon la plus remarquable tout ce que nous avons dit dans notre « Théorie nouvelle de la dispersion » sur la non constance de F et par suite de τ *au moment même* du changement de milieu, alors que la constance de F et τ fut jusqu'ici un article de foi pour tous les physiciens. Impossible de soutenir que $\left(1 \pm \dfrac{\omega^{(m)}}{\varpi}\right)$ donnent aux vitesses v_d, v_g des valeurs différentes pour les diverses lumières. En effet $\dfrac{\omega^{(m)}}{\varpi}$ est proportionnel à $\dfrac{1}{\lambda^2}$, $\omega^{(m)}$ est une rotation du plan primitif de polarisation. Or, celle-ci *dépend*, est *fonction* en particulier de l'*inégalité* des *vitesses de propagation*. Donc, elle ne peut modifier les vitesses, puisque c'étaient les vitesses qui intervenaient pour donner à $\omega^{(m)}$ et par suite à $\left(1 \pm \dfrac{\omega^{(m)}}{\varpi}\right)$ en particulier ces valeurs. Donc, ce coefficient *ne pouvait modifier que les valeurs de* τ.

La seule différence qui existe entre ces longueurs d'onde relatives et celles de la dispersion ordinaire dans les milieux réfringents

$$l_1 = v_1 \left(1 \pm \frac{0}{T}\right) T,$$

est la suivante.

Dans les milieux réfringents, c'est uniquement dans la zone d'attraction de Newton que l_1 a la valeur ci-dessus. Dès que la réfraction s'est produite suivant la formule $n = \dfrac{\lambda}{l_1}$, et que le rayon est sorti de la zone d'attraction, il reprend la longueur d'onde absolue l liée à la vitesse v_1 et à T par la formule habituelle $l = v_1 T$.

Au contraire, dans les milieux qui possèdent le pouvoir rotatoire c'est *dans toute l'épaisseur*, du moins tant que les deux rayons peuvent être considérés comme superposés que les longueurs d'onde $l_1^{(m)}$, $l_2^{(m)}$ sont représentées par les formules (7). Et ceci se comprend facilement. Les coefficients $\left(1 \pm \dfrac{\omega^{(m)}}{\varpi}\right)$ ont été introduits par l'attraction des deux tétraèdres. Or, ceux-ci existant dans toute l'épaisseur, ces coefficients doivent donc persister, et par suite *dans toute l'épaisseur* :

$$\tau_1, \qquad \tau_2,$$

représentent les durées des oscillations qui étaient τ à l'entrée. Dans la dispersion ordinaire, les coefficients $\left(1 \pm \dfrac{0}{T}\right)$ sont dûs à l'attraction *dans la zone de Newton*. Donc, dès que l'on n'est plus dans cette zone, ces coefficients s'annulent. Par suite, la valeur de T de l'entrée qui était (Théorie nouvelle de la dispersion, p. 23)

$$T_1 = T\left(1 \pm \frac{0}{T}\right) = T \pm \frac{1}{\lambda}\sqrt{\frac{v_1}{v_0}}\,C,$$

dans la zone d'attraction, redevient T à partir d'une certaine profondeur.

Ainsi les phénomènes qui interviennent quand la lumière passe d'*un milieu dans un autre*, se trouvent dans l'expression de la longueur d'onde *relative*. L'attraction newtonienne pour la réfraction, la polarisation rotatoire ici introduisaient dans l'expression des *longueurs d'onde relatives* des coefficients $\left(1 \pm \frac{0}{T}\right)$, $\left(1 \pm \frac{\omega^{(m)}}{\varpi}\right)$ que les auteurs n'avaient même pas soupçonnés et qu'ils faisaient disparaître en les englobant dans des prétendues vitesses de propagation et écrivant

$$v\left(1 \pm \frac{0}{T}\right) = v'_\lambda,$$

$$v_d\left(1 + \frac{\omega^{(m)}}{\varpi}\right) = v'_{\lambda_1}, \qquad v_g\left(1 - \frac{\omega^{(m)}}{\varpi}\right) = v'_{\lambda_2}$$

Bien entendu, ils *ne faisaient plus alors la moindre allusion à la formule de Newton* qu'ils passaient complètement sous silence.

Ainsi donc nous avons fait cette distinction entre les longueurs d'onde *absolues* et *relatives* que nous résumons.

L'onde prend-elle naissance dans un milieu isotrope, la longueur d'onde absolue dans celui-ci est donnée, comme Fresnel l'admet en 1823, dans son mémoire sur la réflexion et la réfraction de lumière polarisée par la formule

$$l = \sqrt{\frac{e}{d_1}}\cdot T,$$

d_1 étant la densité de l'éther dans le milieu pondérable.

Le rayon vient-il du vide et se réfracte-t-il ? La longueur d'onde relative qui permettra de calculer l'indice est exprimée dans la zone d'attraction par

$$l_1 = \sqrt{\frac{e}{d_1}}\left(1 \pm \frac{0}{T}\right)\cdot T.$$

et ne reprend l'expression de la longueur d'onde absolue $l = \sqrt{\frac{e}{d_1}}\cdot T$ qu'à une certaine distance de la séparation des deux milieux.

Le milieu est-il hémiédrique. Si c'est un rayon circulaire droit qui a pris naissance dans le vide et a normalement pénétré dans le premier, les longueurs d'onde seront les suivantes :

♂   dans le vide $\lambda = \sqrt{\dfrac{e}{d}} \cdot T,$

♂   dans le cristal $l' = \sqrt{\dfrac{e}{d'}} \cdot T.$

Si c'est un circulaire gauche, on aura

♄   dans le vide $\lambda = \sqrt{\dfrac{e}{d}} \cdot T.$

♄   dans le cristal $l'' = \sqrt{\dfrac{e}{d''}} \cdot T.$

Si c'est un rayon polarisé rectilignement qui s'est formé dans le vide

$$\lambda = \sqrt{\dfrac{e}{d}} \cdot T,$$

il a donné naissance à deux rayons circulaires droit et gauche dont les longueurs d'onde sont non seulement à l'entrée, mais dans toute l'épaisseur du cristal

$$l_1^{(m)} = \sqrt{\dfrac{e}{d'}}\left(1 + \dfrac{\omega^{(m)}}{\varpi}\right)\tau \qquad\qquad l_2^{(m)} = \sqrt{\dfrac{e}{d''}}\left(1 - \dfrac{\omega^{(m)}}{\varpi}\right)\tau.$$

Ayant montré que dans toute l'épaisseur du milieu, les longueurs d'onde s'écrivaient

$$l_1^{(m)} = v_d\tau_1, \qquad\qquad l_2^{(m)} = v_g\tau_2,$$

d'où

$$l_1 = v_d T_1, \qquad\qquad l_2 = v_g T_2,$$

nous pouvons appliquer les formules de l'élasticité et conclure que les forces élastiques sont

$$(8)\quad F_1 = -\dfrac{4\varpi^2}{\tau_1^2} = -\dfrac{4m^2\varpi^2}{T_1^2}, \qquad\qquad F_2 = -\dfrac{4\varpi^2}{\tau_2^2} = -\dfrac{4m^2\varpi^2}{T_2^2}.$$

Nous voyons que la polarisation rotatoire nous montrait l'impossibilité de la constance de F quand la lumière changeait de milieu. Or, dans la réfraction la constance de F avait été autrefois considérée comme un article de foi. Nous avons les premiers montré dans notre « Théorie nouvelle de la dispersion » qu'il n'en était rien, et que l'attraction newtonienne modifiait la valeur de F dans le voisinage immédiat du corps réfringent. Comme F était lié à T par la relation $F = -\dfrac{4\,\varpi^2}{T^2}$, c'est donc T lui-même dont la valeur se modifiait passagèrement dans la zone d'attraction de Newton.

Dans la polarisation rotatoire nous avons montré que c'était du tout au tout que la valeur de T se modifiait, attendu que pour la lumière comme pour le son, il y avait de véritables harmoniques et qu'aux longueurs d'onde l_1, l_2 des rayons circulaires droit et gauche des auteurs, on devait substituer des longueurs d'onde infiniment plus petites $\dfrac{l_1}{m}$, $\dfrac{l_2}{m}$. Mais laissant de côté ces nouvelles longueurs d'onde et ne considérant que les anciennes on voit que l'on ne pouvait admettre comme les auteurs, que l'on eût

$$(9) \qquad\qquad \frac{v_d}{l_1} = \frac{v_g}{l_2}$$

et que les formules (8) montraient que F ne saurait être constant.

Mais les valeurs des forces élastiques F_1, F_2 ainsi déterminées nous permettaient de conclure que la force élastique constante des auteurs n'avait jamais pu s'appliquer à des vitesses d'*ondes* circulaires.

En effet, ayant avec Fresnel et Mac-Cullagh

$$\frac{d^2 s'}{dt^2} = 0, \qquad\qquad \frac{d^2 s''}{dt^2} = 0.$$

nous en concluons d'après la formule fondamentale de l'élasticité, que les vitesses tirées des formules de Mac-Cullagh n'*avaient jamais été les vitesses* d'ONDES CIRCULAIRES.

Elles représentaient comme dans *la double réfraction* les vitesses de rayons ordinaires et extraordinaires, polarisés *rectilignement*, que Mac-Cullagh par les équations de conditions avait assujettis à présenter entre eux une différence de phase égale à $\dfrac{\varpi}{2}$.

Le milieu biréfringent artificiel engendrait dans ces conditions deux paires de rayons polarisés *rectilignement*, dont on déterminait les vitesses de propagation, mais jamais celles-ci n'avaient été les vitesses de deux ondes circulaires droite et gauche. Nous prouverons du reste que c'était grâce à un *subterfuge* que Mac-Cullagh avait conclu que la différence des indices de ces deux paires de rayons était égale à $\frac{B}{\lambda}$:

$$n'' - n' = \frac{B}{\lambda} .$$

Nous montrerons que Mac-Cullagh obtenait réellement avec ses formules

$$n'' - n' = \frac{2\,B}{\sqrt{b^2\lambda^2 - 2\,\varpi cn\lambda}} .$$

Le subterfuge consistait à avoir supposé $n = o$ comme première approximation, alors que la *seule première approximation possible* était

$$n' = n'' = n .$$

On voit ce qu'il y avait au fond de la théorie actuelle de la polarisation rotatoire. Étant donné qu'un simple rayon polarisé rectilignement obéit à la relation

$$\frac{d^2\varepsilon}{dt^2} = F\varepsilon ,$$

comme Fresnel puis Mac-Cullagh avaient admis contre *toute raison* que leurs cercles étaient décrits d'un *mouvement uniforme*

$$\frac{d^2s}{dt^2} = o ,$$

au lieu d'admettre *a priori* par analogie avec les relations de l'élasticité que l'on eût

$$\frac{d^2s}{dt^2} = Fs ,$$

ce qui leur aurait fait penser à une force étrangère comme l'attraction à distance, ils arrivaient forcément à la raison inverse de la *simple* longueur d'onde pour la rotation. Afin de dissimuler ce résultat, Fresnel faisait le silence sur l'expression des vitesses d'après la formule de Newton. Quant à Mac-Cullagh, il employait le subterfuge que nous venons d'indiquer pour prouver que la démonstration de Fresnel conduisant à

$$R = \varpi z\,\frac{n'' - h'}{\lambda} ,$$

$n'' - n'$ était de la forme $\frac{B}{\lambda}$, après avoir en outre admis, ce qui était absolument inexact, qu'avec les vitesses établies pour un seul milieu hémiédrique on pouvait passer aux indices qui supposent deux milieux.

Il ne restait donc rien des théories de Fresnel et de Mac-Cullagh que cette constatation. Au lieu de s'inquiéter de ce qu'étaient les forces qui transformaient un mouvement polarisé rectilignement en mouvements circulaires, ils ne voyaient dans le problème à résoudre, comme Mac-Cullagh, que des équations différentielles à poser de manière à obtenir deux cercles. Ceux-ci étaient-ils décrits de façon à satisfaire aux conditions de l'élasticité ? On ne s'en inquiétait pas.

Or, que faisaient Fresnel et Mac-Cullagh, lorsqu'ayant à l'entrée du cristal un mouvement $y = b \cos 2\varpi \frac{t}{T} = \frac{b}{2} \cos 2\varpi \frac{t}{T} + \frac{b}{2} \cos 2\varpi \frac{t}{T}$, ils introduisaient deux mouvements oscillatoires égaux et contraires

$$x' = \frac{b}{2} \sin 2\varpi \frac{t}{T}, \qquad x'' = -\frac{b}{2} \sin 2\varpi \frac{t}{T} ?$$

Ils supposaient en réalité que deux nouvelles forces *élastiques* égales et contraires sollicitaient les molécules vibrantes dans le nouveau milieu.

Or, si l'on se reporte à tout ce que l'on sait aujourd'hui sur la théorie du carbone asymétrique, on voit qu'il existe une relation immédiate entre la *constitution chimique d'un corps* et *son pouvoir rotatoire*.

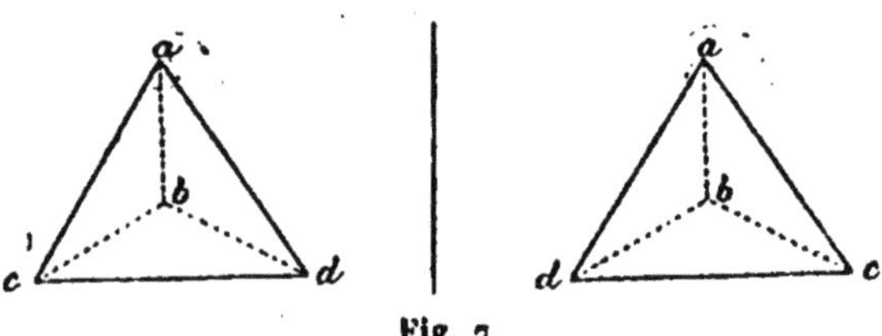

Fig. 7

Du moment que les théories chimiques nous conduisent à la constitution ci-contre (*fig. 7*) d'un corps qui possède le pouvoir rotatoire, il est impossible de ne pas admettre que chaque tétraèdre ne donne pas une *force résultante étrangère à l'élasticité constante* et *de même direction* qui intervient pour transformer en mouvement circulaire un mouvement polarisé rectilignement.

Or, cette force résultante *nécessairement de même direction* dans chaque plan de polarisation est en contradiction absolue avec la force élastique correspondant à un mouvement additionnel oscillatoire

$x' = \dfrac{b}{2} \sin 2 \varpi \dfrac{t}{T}$; la force élastique correspondante était représentée par la figure ci-contre

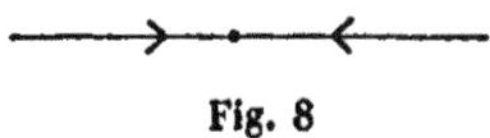

Fig. 8

pendant une oscillation double.

Ainsi, comme nous l'avions déjà fait pour expliquer la réfraction dans la théorie des ondulations, en introduisant l'attraction newtonienne, ici encore c'était une *véritable attraction dans des directions fixes et déterminées dans tout plan de polarisation, due, aux deux tétraèdres,* qui devait intervenir pour transformer de la lumière rectiligne en lumière circulaire.

La molécule qui décrivait un cercle (*fig.9*) était soumise quand on avait fait

$$y = y' + y'',$$

et

$$y' = \frac{\beta}{2} \cos 2 \varpi \frac{t}{\tau}, \qquad y'' = \frac{\beta}{2} \cos 2 \varpi \frac{t}{\tau},$$

1° à une force ÉLASTIQUE Fy' qui, si elle était seule, ferait mouvoir la molécule d'après la formule

$$\frac{d^2 y}{dt^2} = Fy',$$

2° à une force d'ATTRACTION g, celle d'un des tétraèdres, qui, si elle était seule, ferait mouvoir la molécule d'après la relation

$$\frac{d^2 x'}{dt^2} = g.$$

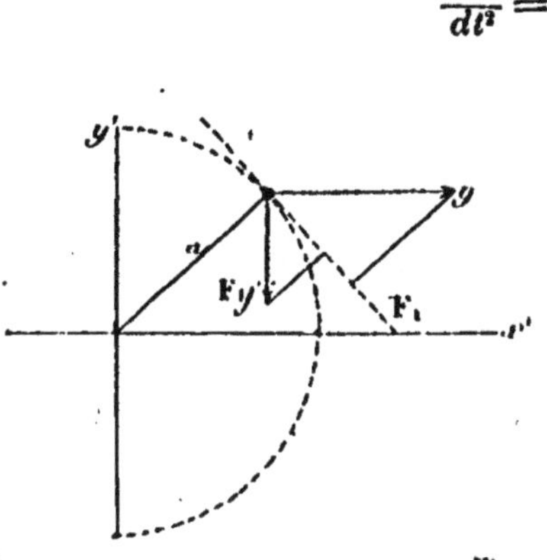
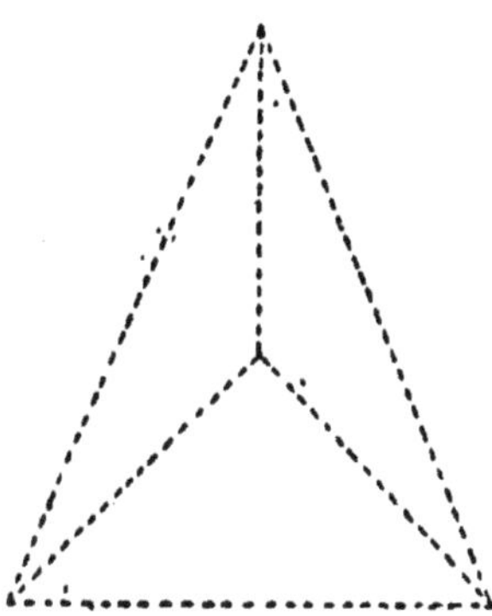

Fig. 9

C'est sous l'influence de ces deux forces bien différentes que la molécule décrit un arc de cercle d'un mouvement nécessairement *oscillatoire*, puisque l'attraction due à un des tétraèdres a nécessairement une même direction résultante et l'on a

$$\frac{d^2s'}{dt^2} = F_1 s',$$

sachant que

$$F_1 = Fy' \sin \frac{s'}{a} + g \cos \frac{s'}{a}.$$

Dans la théorie actuelle, celle de Fresnel, de Mac-Cullagh, et de tous les auteurs, on admettait que les équations

$$\frac{d^2y'}{dt^2} = Fy', \qquad \frac{d^2x'}{dt^2} = Fx'$$

régissaient le mouvement de la molécule, sans s'être jamais inquiété d'expliquer d'*où venait cette force élastique Fx'* parallèle à l'axe des *x'*.

Par conséquent notre théorie était bien justifiée, tandis que celles de Fresnel et de Mac-Cullagh n'avaient aucun sens dans l'hypothèse du carbone asymétrique.

En outre, nous satisfaisions aux conditions de l'élasticité puisque les deux cercles décrits d'un mouvement oscillatoire étaient représentés par les relations

$$\frac{d^2s'}{dt^2} = F_1 s' \qquad \frac{d^2s''}{dt^2} = F_2 s';$$

nous avions deux *ondes circulaires* dont les vitesses de propagation étaient liées aux forces F_1, F_2 par les formules habituelles, mais dans lesquelles il existait une fonction des forces g étrangère à l'élasticité, que l'on ne rencontrait pas dans les formules de Mac-Cullagh. On concevait en même temps qu'il pouvait exister une relation entre le pouvoir rotatoire et la fonction de forces, c'est-à-dire la constitution des corps, ce qu'il était impossible de prévoir dans la théorie actuelle. Celle-ci ne concevait d'inégalité de vitesse que consécutivement à un état cristallin particulier, modification des corps qui possèdent la double réfraction et que Mac-Cullagh avait représenté par les formules

$$\frac{d^2\xi}{dt^2} = b^2 \frac{d^2\xi}{dz^2} + c \frac{d^3\eta}{dz^3},$$

$$\frac{d^2\eta}{dt^2} = b^2 \frac{d^2\eta}{dz^2} - c \frac{d^3\xi}{dz^3}.$$

Dans ces formules, on ne rencontrait que des *forces élastiques*, et l'on commettait la même erreur que dans la dispersion ordinaire où l'on n'avait pas vu que c'était uniquement à l'attraction dans la zone de séparation des deux milieux que l'on devait attribuer la réfraction, comme Newton l'avait autrefois admi:.

Or, pour les liquides qui possèdent le pouvoir rotatoire, il devenait *a priori* difficile de les représenter comme une modification des corps cristallins biréfringents, surtout étant donné qu'en prenant l'état cristallin le liquide perdra, en général, son pouvoir rotatoire et réciproquement. Donc, invoquer les formules de la double réfraction en les modifiant pour obtenir des cercles était inadmissible.

En second lieu, pour ceux qui doivent leur pouvoir rotatoire à la constitution moléculaire des atomes, il devenait *impossible* de ne pas faire intervenir *des fonctions des forces g* ÉTRANGÈRES A L'ÉLASTICITÉ dès la surface de séparation des deux milieux. Or, ces fonctions des forces étrangères à l'élasticité n'existent pas dans les formules de Mac-Cullagh ; celles-ci doivent donc être regardées, ce qu'elles sont réellement, comme une modification artificielle des corps biréfringents, telle que deux rayons polarisés *rectilignement* dans deux plans perpendiculaires se propagent avec la même vitesse, ayant une différence de phase égale à $\frac{\varpi}{2}$.

Mais dans aucun cas elle ne représentait des *ondes* circulaires et, par suite, la véritable théorie de la polarisation rotatoire.

Et alors une fois de plus en terminant, nous constatons le bien fondé des résistances de Biot et Poisson qui, croyant avec raison que l'attraction à distance devait intervenir dans l'interprétation d'un grand nombre de phénomènes lumineux, ne pouvaient admettre que l'on n'en tenait aucun compte dans les explications que la théorie des ondulations introduisait.

Pour les créateurs de cette théorie il n'y avait plus dans un milieu élastique, l'éther, que des *forces élastiques* sous l'influence desquelles les molécules vibraient d'après les relations simultanées

$$\frac{d^2 \epsilon}{dt^2} = F\epsilon, \qquad \epsilon = \delta \sin 2\varpi \left(\frac{t}{T} - \frac{\alpha}{l} \right).$$

Briot, dans son « Essai sur la théorie mathématique de la lumière » avait bien introduit l'attraction newtonienne sur les molécules d'éther dans un corps pondérable, mais comme il se plaçait toujours dans un *seul milieu*, et qu'il n'avait pas étudié cette attraction sur l'éther du vide

vibrant dans le voisinage immédiat du corps réfringent, son analyse n'avait
rien que la complication qui la différenciait de celle de Cauchy. Celui-ci
avait admis de suite un éther fictif pour représenter l'éther vibrant dans
un corps pondérable.

C'est parce que les auteurs dans leur éther fictif n'admettaient que des
forces élastiques qu'ayant à expliquer la transformation d'un rayon polarisé rectilignement en un rayon circulaire ils croyaient que celui-ci était
régi par les formules

$$(9) \qquad \frac{d^2y}{dt^2} = Fy, \qquad\qquad \frac{d^2x}{dt^2} = Fx,$$

dans la polarisation rotatoire. Introduisant au contraire des *forces d'attraction étrangères à l'élasticité*, nous avons pu expliquer dans la *théorie
des ondulations* la réfraction, et retrouver la loi des sinus ([1]) ce que l'on
n'avait pas fait jusqu'ici dans cette théorie et rectifier la formule des
indices à laquelle conduisait le théorème de Fermat.

C'est en introduisant encore les forces d'attraction auxquelles conduit
l'existence de tétraèdres dans le carbone asymétrique que nous avons
montré qu'un rayon circulaire obéissait non pas aux relations (9) mais bien à

$$(10) \qquad \frac{d^2y}{dt^2} = Fy, \qquad\qquad \frac{d^2x}{dt^2} = y,$$

et qu'on explique ainsi l'existence d'*ondes circulaires* auxquelles ne pouvaient conduire les formules (9). On reconnaît de même l'influence des
zones concentriques de matière pondérable dans un plan perpendiculaire
au rayon incident sur la lumière polarisée rectilignement, dès que celle-ci
pénètre dans un quartz taillé perpendiculairement à l'axe.

La théorie des ondulations fut un grand progrès, mais en supposant que
dans tous les problèmes les formules

$$\frac{d^2\varepsilon}{dt^2} = F\varepsilon, \qquad\qquad \varepsilon = \delta \sin 2\varpi \left(\frac{t}{T} - \frac{x}{l} \right),$$

représentaient l'état vibratoire d'une molécule lumineuse dû *uniquement*
à des *forces élastiques*, on faisait œuvre rétrograde, car on arrivait à mé-

---

([1]) Théorie nouvelle de la dispersion (Librairie de Hermann, 1900).

connaître des forces étrangères à l'élasticité, comme l'attraction à distance !
C'est ce que les anciens physiciens, pénétrés du principe de la gravitation
universelle, n'avaient jamais voulu admettre. Dans notre théorie nouvelle
de la dispersion et dans ce mémoire sur la polarisation rotatoire nous avons
montré qu'ils avaient eu raison et que, tout en conservant le principe des
ondulations, il fallait tenir compte dans les mouvements oscillatoires de
forces étrangères à l'élasticité de l'éther.

PREMIÈRE PARTIE

Théorie nouvelle de la polarisation et de la dispersion rotatoires

I

Fresnel, dans la théorie qu'il a donnée, remplace comme on sait un rayon incident polarisé rectilignement par deux rayons circulaires gauche et droit. Et comme l'expérience a prouvé que deux tels rayons existaient effectivement et qu'on arrivait à les séparer, aucun doute ne s'était élevé jusqu'ici sur la démonstration élémentaire donnée par Fresnel et qui était ainsi représentée.

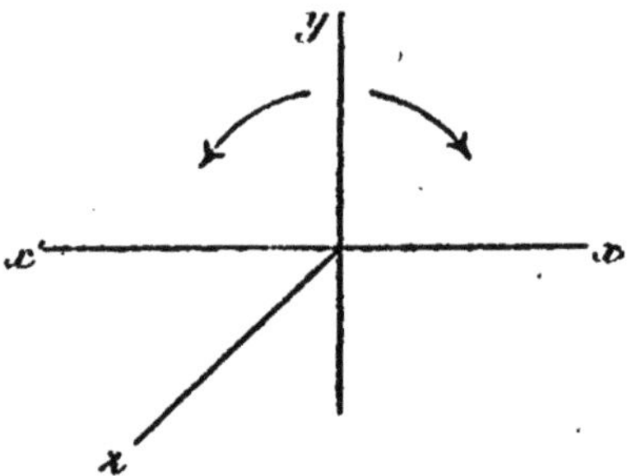

Fig. 10.

Ayant un rayon polarisé dans le plan xx', savoir en supposant que l'on commence à compter le temps à partir de la plus grande élongation où la molécule a été primitivement transportée

$$(1) \qquad y = b \cos 2\varpi \frac{t}{T}, \qquad x = 0$$

en posant

$$y = \eta_{i} + \eta', \qquad \omega = \xi + \xi',$$

il venait

$$(2) \qquad \eta_{i} = \frac{b}{2} \cos 2\varpi \frac{t}{T} \qquad \eta' = \frac{b}{2} \cos 2\varpi \frac{t}{T}$$

$$\xi = \frac{b}{2} \sin 2\varpi \frac{t}{T} \qquad \xi' = -\frac{b}{2} \sin 2\varpi \frac{t}{T}$$

On a analytiquement remplacé un rayon polarisé rectilignement par deux rayons circulaires gauche et droit. Si l'on admet de plus que les vitesses de propagation de ces deux rayons sont inégales, on aura à une certaine distance z de l'entrée

$$\eta_{i} = \frac{b}{2} \cos 2\varpi \left(\frac{t}{T} - \frac{z}{\lambda_{i}} \right), \qquad \eta'_{i} = \frac{b}{2} \cos \varpi \left(\frac{t}{T} - \frac{z}{\lambda_{2}} \right)$$

$$\xi_{i} = \frac{b}{1} \sin 2\varpi \left(\frac{t}{T} - \frac{z}{\lambda_{i}} \right), \qquad \xi'_{i} = -\frac{b}{2} \sin 2\varpi \left(\frac{t}{T} - \frac{z}{\lambda_{2}} \right)$$

Dans le cas où, comme dans la plupart des figures schématiques, on commencerait à compter le temps à partir de l'élongation maxima b et à l'entrée du cristal, les formules ci-dessus deviendraient en y faisant $t = o$

$$(\text{1}^{\text{bis}}) \qquad\qquad y = b$$

et

$$\eta_{i} = \frac{b}{2} \cos 2\varpi \frac{z}{\lambda_{i}}, \qquad \eta'_{i} = \frac{b}{2} \cos 2\varpi \frac{z}{\lambda_{2}}$$

$$\xi_{i} = -\frac{b}{2} \sin 2\varpi \frac{z}{\lambda_{i}}, \qquad \xi'_{i} = \frac{b}{2} \sin 2\varpi \frac{z}{\lambda_{2}}$$

Et comme à la sortie on peut faire l'inverse de ce que l'on a fait à l'entrée, remplacer analytiquement les deux rayons circulaires par un rayon polarisé rectilignement en posant

$$\eta_{i} + \eta'_{i} = y_{i}, \qquad \xi_{i} = \xi'_{i} = x_{i}$$

et vérifier que l'on a effectivement ainsi un rayon polarisé rectilignement on a conclu que cette démonstration élémentaire de Fresnel ne laissait rien à désirer, et elle est devenue la démonstration classique de tous les ouvrages.

On avait ici, T étant toujours supposé le même dans le cristal que dans le vide

$$\lambda_{i} = v_{d}T, \qquad \lambda_{2} = v_{g}T$$

et l'on trouvait ainsi en nommant R le plan primitif de polarisation, λ_2 étant la longueur d'onde la plus courte, $v_d > v_g$

$$'R = \varpi z \left(\frac{1}{\lambda_2} - \frac{1}{\lambda_1}\right) = \varpi z \left(\frac{1}{v_g} - \frac{1}{v_d}\right) \frac{1}{T} = \varpi \frac{D - G}{\lambda}.$$

En désignant encore par D, G des épaisseurs de lames d'air (vide) parcourues dans le même temps que la lame z par les rayons circulaires droit et gauche, d'où

$$\frac{D}{V} = \frac{z}{v_d}; \qquad \frac{G}{V} = \frac{z}{v_g}.$$

On avait encore, ayant posé

$$n = \frac{V}{v}, \qquad n' = \frac{V}{v_d}, \qquad n'' = \frac{V}{v_g},$$

$$v_g = v\left(1 + \frac{\delta}{2}\right), \qquad v_g = v\left(1 - \frac{\delta}{2}\right),$$

$$n' = n\left(1 - \frac{\delta}{2}\right), \qquad n'' = n\left(1 + \frac{\delta}{2}\right),$$

$$\lambda_1 = l\left(1 + \frac{\delta}{2}\right), \qquad \lambda_2 = l\left(1 - \frac{\delta}{2}\right).$$

Et désignant par a la rotation tabulaire, c'est-à-dire pour 1^{mm} d'épaisseur

$$a = \varpi \left(\frac{1}{v_d} - \frac{1}{v_g}\right) \frac{1}{T} = \varpi \frac{n'' - n'}{\lambda} = \varpi \frac{n\delta}{\lambda}$$

d'où l'on a déduit

$$\delta = \frac{a\lambda}{\varpi \cdot n}.$$

C'est à l'aide de cette formule que pour le quartz Broch a déduit (Billet, t. II, p. 213) les valeurs suivantes de δ pour les différentes lumières

R λ^2 (Broch) (Verdet *Opt.*, T. II, p. 222)	Raie	δ	$\xi\lambda$	λ
7238.	B.	$0^{\mu},0379$	2615	$0^{\mu},688,4$
7429.	C.	0,0407	2670	0,656
7511.	D.	0,0459	2705	0,589,6
7596.	E.	0,0519	2735	0,526,9
7622.	F.	0,0564	2741	0,486,1
7842.	G.	0,0647	2788	0,430,9

Telle est en résumé toute la théorie de la polarisation et de la dispersion rotatoire.

La première objection à faire à cette théorie est la suivante.

On admet l'inégalité de propagation de rayons circulaires droit et gauche. C'est une hypothèse très plausible, mais encore faut-il indiquer, et non pas se garder prudemment de soulever la question, à quelle idée théorique se rattache cette inégalité de vitesses. Une seule méthode permet de comprendre la vitesse de propagation d'une onde. Elle est donnée par la formule de Newton, formule dont Young et Fresnel ont fait usage dans leurs recherches, savoir $v^2 = \dfrac{e}{d}$.

Donc on comprendra que les propagations des mouvements hélicoïdaux droit et gauche soient inégales et par suite les vitesses comptées sur la verticale, si l'on admet que les densités de l'éther soient différentes sur les hélices droite et gauche du cristal hémiédrique. Par suite la formule

$$ R = \varpi z \left(\frac{1}{v_g} - \frac{1}{v_d} \right) \frac{1}{T} $$

permet d'expliquer une rotation du plan primitif de polarisation.

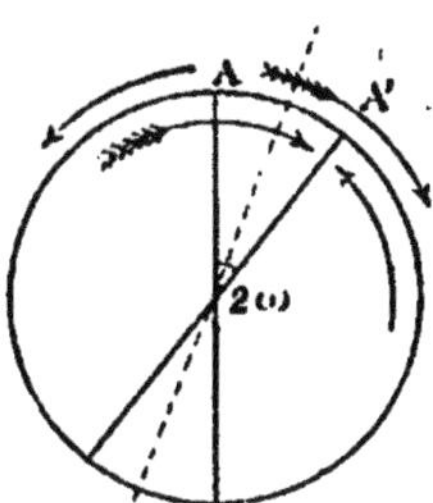

Fig. 11.

Si nous nous reportons encore à la démonstration géométrique des auteurs, nous voyons que ceux-ci admettent nécessairement que les rayons circulaires gauche et droit qui interfèrent appartiennent à deux rayons partis à des intervalles de temps différents (*fig.* 11).

Le droit a effectué une circonférence + 2 ω quand le gauche a parcouru l'arc 2 ϖ — 2 ω. Si donc deux tels rayons étaient arrivés en même temps en A' à la sortie, 2 ω, serait la rotation.

En se reportant encore à la figure des auteurs représentant le mouvement sur une hélice, on voit que le mécanisme de rotation correspondant à la figure ci-contre 12 correspond à une durée T.

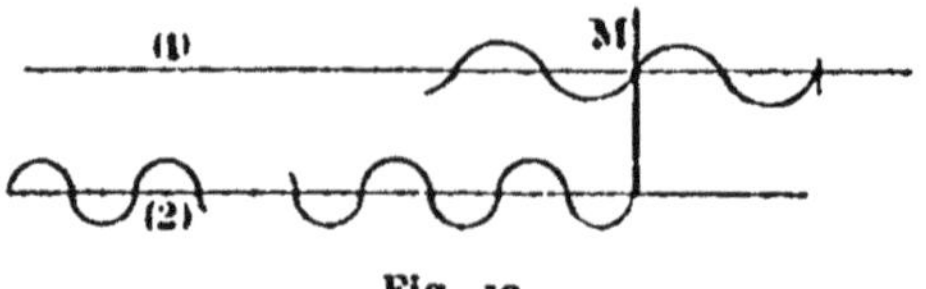

Fig. 12.

Pour une telle épaisseur les ondes (1) et (2) vont passer en M comme l'indique la figure, c'est-à-dire que M va vibrer sous l'influence de (2) et (1), sachant que (1) donne une onde partie à une époque postérieure à celle de (2) de la valeur T.

Or cherchons l'épaisseur pour laquelle on n'a que cette différence de temps entre le départ des deux ondes. Ayant $\lambda = VT$, on voit que cette épaisseur répond en air à une longueur d'onde λ, d'un autre côté la rotation s'exprime par la formule

$$R = \varpi \, \frac{D - G}{\lambda} = \varpi z \, \frac{n' - n'}{\lambda}.$$

Pour $D - G = \lambda$ il vient $R = \varpi$. Or pour les rayons jaunes et un quartz d'une épaisseur de $7^{mm},5$, la formule donne une rotation de 180°.

Faute d'avoir fait ce calcul, les auteurs ne se sont pas aperçus que le phénomène est totalement différent ici de ce qu'il est dans le problème des interférences et dans la polarisation chromatique; que l'on ne saurait discuter $\dfrac{D - G}{\lambda}$ comme on discute $\dfrac{O - E}{\lambda}$; que la différence des vitesses devenant infiniment petite, T et λ deviennent *deux grands nombres* par rapport aux phénomènes considérés. Ainsi alors que, dans les cristaux biréfringents, $O - E = \dfrac{\lambda}{4}$ est considérée comme une sorte d'épaisseur minima, ici pour $D - G = \dfrac{\lambda}{4}$, la rotation de plan primitif de polarisation serait pour les rayons jaunes de 45° et l'épaisseur de quartz de $1^{mm},875$; et que l'on remarque encore combien cette épaisseur est grande par rapport à des solutions ou des liquides jouissant du pouvoir rotatoire.

Et si nous sommes en présence des lames minces, de quartz par exemple, de $0^{mm},01875$, on voit qu'une telle lame donnant une rotation de $0°,45$ correspondrait à $D - G = \dfrac{1}{400} \lambda$.

D'où cette conclusion : alors que dans les franges d'interférence et les phénomènes de la polarisation chromatique on examinait les valeurs des différences de marche

$$(O - E) = 2 k \frac{\lambda}{2} \qquad\text{ou}\qquad (2 k + 1) \frac{\lambda}{2},$$

en donnant à k des valeurs de plus en plus grandes, alors qu'à l'exemple de Fizeau et Foucault on étudiait ces différences de marche lorsque k devenait un grand nombre, il semble qu'ici dans la polarisation rotatoire, on soit en présence d'un problème inverse, que $D - G$ soit une fraction $\frac{1}{N}$ de λ dans laquelle N est un grand nombre qui tend vers l'unité à l'inverse de ce que l'on avait dans les différences de marche à un grand nombre de longueurs d'onde dans lesquelles k avait une valeur égale à 1 et tendait vers un grand nombre. Il est facile de s'en rendre compte. Lorsque les auteurs substituaient à l'entrée les deux rayons circulaires

$$\xi = \frac{\alpha}{2} \cos 2\varpi \frac{t}{T}, \qquad \xi' = -\frac{\alpha}{2} \cos 2\varpi \frac{t}{T},$$

$$\eta = \frac{\alpha}{2} \sin 2\varpi \frac{t}{T}, \qquad \eta' = +\frac{\alpha}{2} \sin 2\varpi \frac{t}{T},$$

au rayon incident

$$y = \alpha \sin 2\varpi \frac{t}{T},$$

ils admettaient *a priori* que l'amplitude avait dû être égale à $\frac{\alpha}{2}$. Mais pour déterminer la position du point m, nous aurions pu aussi bien admettre que l'on eût

$$\eta = \frac{\beta}{2} \sin 2 m\varpi \frac{t}{T}, \qquad \eta' = \frac{\beta}{2} \sin 2 m\varpi \frac{t}{T},$$

en posant

$$\alpha \sin 2\varpi \frac{t}{t} = \beta \sin 2 m\varpi \frac{t}{T},$$

c'est-à-dire admettre, en choisissant convenablement l'amplitude des rayons circulaires que pendant le temps T que met le rayon polarisé rectilignement à parcourir le trajet AB + BA, chaque rayon circulaire parcourera m fois l'arc 2ϖ. Par conséquent, on ne voit pas pourquoi les auteurs ont admis *a priori* qu'une seule circonférence et non pas un nombre m

entier serait parcouru dans le temps T. Du moment que l'amplitude était
nécessairement changée on pouvait avoir, même dans la théorie actuelle

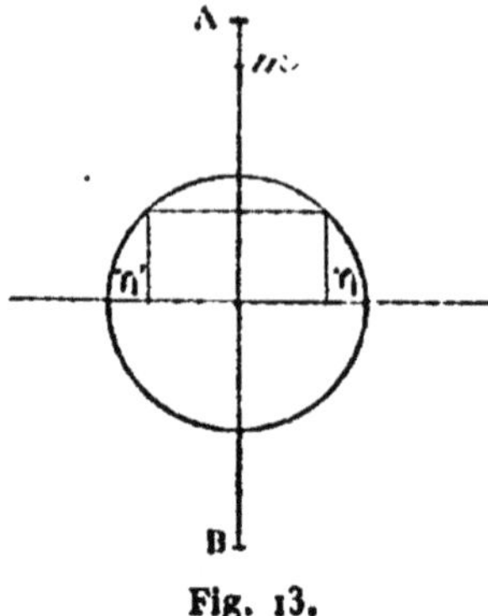

Fig. 13.

$$\xi = \frac{\beta}{2} \cos 2\,m\varpi\,\frac{t}{T}, \qquad\qquad \xi' = -\frac{\beta}{2} \cos 2\,m\varpi\,\frac{t}{T},$$

$$\eta = \frac{\beta}{2} \sin 2\,\varpi m\,\frac{t}{T}, \qquad\qquad \eta' = \frac{\beta}{2} \sin 2\,m\varpi\,\frac{t}{T},$$

avec l'équation de condition

$$\alpha \sin 2\varpi\,\frac{t}{T} = \beta \sin 2\,m\varpi\,\frac{t}{T}.$$

et en posant

$$m\tau = T.$$

τ désignant le temps mis à parcourir la circonférence entière, les deux
rayons circulaires auraient la forme

$$\xi = \frac{\beta}{2} \cos 2\varpi\,\frac{t}{\tau}, \qquad \xi' = -\frac{\beta}{2} \cos 2\varpi\,\frac{t}{\tau},$$

$$\eta = \frac{\beta}{2} \sin 2\varpi\,\frac{t}{\tau}, \qquad \eta' = \frac{\beta}{2} \sin 2\varpi\,\frac{t}{\tau}.$$

Remarquons qu'il suffisait de spécifier, et rien ne prouve qu'il n'en sera
pas ainsi, qu'il faudra m circonférences décrites dans le temps $m\tau = T$ avec
une amplitude $\frac{\beta}{2}$ pour avoir la même impression lumineuse que celle résultant d'un mouvement rectiligne parcourant dans le temps T le chemin 2α.

Les formules des rayons circulaires étant celles ci-dessus, on aurait à une certaine distance z

$$\xi = \frac{\beta}{2} \cos 2 \varpi \left(\frac{t}{\tau} - \frac{z}{\lambda_1^{(m)}} \right), \qquad \xi' = - \frac{\beta}{2} \cos 2 \varpi \left(\frac{t}{\tau} - \frac{z}{\lambda_2^{(m)}} \right),$$

$$\eta = \frac{\beta}{2} \sin 2 \varpi \left(\frac{t}{\tau} - \frac{z}{\lambda_1^{(m)}} \right), \qquad \eta' = \frac{\beta}{2} \sin 2 \varpi \left(\frac{t}{\tau} - \frac{z}{\lambda_2^{(m)}} \right),$$

où

$$\lambda_1^{(m)} = v' \tau \qquad \lambda_2^{(m)} = v'' \tau,$$

v', v'' étant les vitesses de propagation des deux rayons circulaires, sachant que dans la théorie actuelle on aurait

$$\lambda_1 = v' T, \qquad \lambda_2 = v'' T.$$

Il en résulte donc que

$$\lambda_1^{(m)} = \frac{\lambda_1}{m}, \qquad \lambda_2^{(m)} = \frac{\lambda_2}{m};$$

en posant

$$\frac{\lambda_1^{(m)} + \lambda_2^{(m)}}{2} = \lambda^{(m)} = \frac{v' + v''}{2} \tau ;$$

on voit que l'on aurait encore

$$l^{(m)} = \frac{l}{m} = \frac{1}{n} \cdot \frac{\lambda}{m},$$

n étant l'indice.

Si l'on prend m le même pour toutes les lumières, on voit que les longueurs d'onde *rotatoires* $\lambda^{(m)}, \lambda^{(m)\prime}, \lambda^{(m)\prime\prime}, \ldots \ldots$ seront dans le même rapport que $\lambda, \quad \lambda', \quad \lambda'', \ldots \ldots$ et que l'on pourra substituer les unes aux autres.

Par suite la rotation s'exprimera par la formule

$$R = \frac{\varpi}{m} \frac{D - G}{\lambda^{(m)}},$$

et l'on pourra comme dans tous les phénomènes optiques avoir une différence de marche D — G du même ordre de grandeur que la longueur d'onde sans craindre qu'en prenant $D - G = \lambda^{(m)}$, on eût une valeur énorme pour la rotation : $R = \varpi$, comme on l'obtenait quand on avait la formule

$$R = \varpi \frac{D - G}{\lambda};$$

ici au contraire pour $D - G = \lambda^{(m)}$ on a $R = \frac{\varpi}{m}$ où m est un grand nombre.

Géométriquement ceci revient, même dans la théorie actuelle, à substituer à une hélice dont le rayon est $\frac{\alpha}{2}$ et le pas λ_1, une hélice de rayon $\frac{\beta}{2}$ et de pas $\frac{\lambda_1}{m} = \lambda_1^{(m)}$.

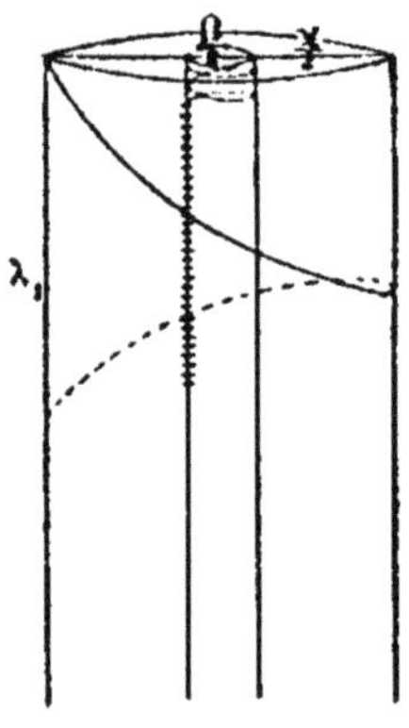

Fig. 14.

Les longueurs d'onde *rotatoires* $\lambda^{(m)}$, $\lambda'^{(m)}$, $\lambda''^{(m)}$, . . . que nous introduisons ainsi sont maintenant *comparables* aux différences des vitesses des rayons circulaires, exactement comme dans les interférences habituelles ou dans la polarisation chromatique, les longueurs d'ondes λ, λ', λ'', . . . étaient comparables soient aux différences de marche, soit aux différences des vitesses des rayons ordinaire et extraordinaire.

En faisant $m_2 \varpi \left(\frac{\beta}{2} \right) = 4\alpha$, on exprime que le nombre de circonférences décrites dans le temps T donne un chemin total égal à celui que la molécule décrit d'un mouvement rectiligne dans le temps T, par suite on est dans les conditions pour avoir la même impression lumineuse puisque l'on a le même chemin décrit dans le même temps. Dans la théorie actuelle on ne s'inquiète pas de cette condition qui est cependant fondamentale, puisque si l'amplitude change sans que F change, la force élastique doit être modifiée.

Ainsi la nécessité absolue de pouvoir exprimer les différences de marche dans la polarisation rotatoire en fonction de longueurs d'onde du même ordre de grandeur comme dans la polarisation chromatique, dans les anneaux de Newton et dans les franges d'interférence, nous a conduit à cette notion nouvelle de longueur d'ondes *infiniment plus petites* que celles que l'on a l'habitude de considérer dans les phénomènes ci-dessus rappelés. Et par suite nous avons pour ces longueurs d'ondes nouvelles dont l'existence ne peut pas ne pas être admise

$$\lambda^{(m)} = \frac{\lambda}{m}, \qquad \lambda'^{(m)} = \frac{\lambda'}{m}, \qquad \lambda''^{(m)} = \frac{\lambda''}{m}, \dots$$

m étant un grand nombre.

D'un autre côté il est une notion bien connue, déduite des recherches de Fresnel sur la formation des franges d'interférence, c'est qu'elles sont d'autant plus nettes que plus rapprochées de la frange centrale. Or celle-ci répond à une différence de marche nulle. Lorsque l'on s'écarte de la frange centrale et que les différences de marche deviennent des multiples de $\frac{\lambda}{2}$, ce qui revient à admettre une différence de temps de départ multiple $\frac{T}{2}$, les franges sont de plus en plus noyées dans la lumière blanche,,au fur et à mesure que la différence de marche devient plus grande. Ainsi en principe et ceci se comprend, parce que l'intensité lumineuse de la source varie à chaque instant, la différence du temps de départ entre deux ondes qui interfèrent ne peut être très grande pour que l'on puisse observer de belles franges.

Or les recherches de Fizeau et Foucault sur des différences de marche qui correspondraient à des millions de longueurs d'onde, seraient en contradiction absolue avec cette manière de voir, à moins que l'on ait admis que l'on eût aussi *d'autres longueurs* d'onde harmoniques liées aux anciennes par les formules

$$L = m\lambda, \qquad L' = m\lambda', \qquad L'' = m\lambda'',$$

où m serait *un grand nombre*.

La comparaison que l'on doit faire entre les longueurs d'onde du son et celle de la lumière nous a mis sur la voie.

Les anneaux colorés de différents ordres donneront l'exemple le plus frappant de l'analogie que l'on peut admettre entre le son et la lumière à l'exemple des anciens. Ceux-ci avaient supposé que les 7 couleurs du prisme se rapportaient exactement aux 7 tons de la musique. D'après le P. Castel ils avaient ainsi composé la gamme

ut	répondait au bleu	λ_b
ut dièze	»	vert gai	λ_v
ré	»	vert olive	
mi	»	jaune	λ_j
fa	»	aurore	
fa dièze	»	oranger	
sol	»	rouge	λ_r
sol dièze	»	cramoisi	
la	»	violet	λ_{r_i}
la dièze	»	violet gris.	
si	»	bleu d'Iris	λ_{b_i}

Il semblerait que l'auteur en décrivant cette succession des couleurs eût été en présence non pas d'un prisme, mais des anneaux colorés qu'on observe avec un quartz taillé perpendiculairement à l'axe, dans la lumière convergente.

Cette succession des couleurs dans la lumière blanche, dépend des différences de marche ; celles-ci allant en augmentant quand on s'écarte du centre, on a en appliquant la formule $O - E = (2k + 1)\dfrac{\lambda}{2}$;

$$O - E = \frac{1}{2}\lambda_b, \qquad O' - E' = \frac{1}{2}\lambda_v,$$

$$O' - E' = \frac{1}{2}\lambda_j, \dots \quad O'' - E'' = \frac{1}{2}\lambda_r, \dots \quad O''' - E''' = \frac{1}{2}\lambda_{r_i}$$

mais bientôt la différence de marche $O^v - E^v = \frac{1}{2}\lambda_{b_i}$ redevient sensiblement *le double* de $(O - E)$. S'il en est ainsi, on doit retomber sur la couleur primitive, c'est ce que l'on observe en effet et l'on retrouve la succession des lumières dans le deuxième anneau.

Cela posé quand on retrouve la même couleur est-on en présence d'*une* longueur d'onde $L_b = 2\lambda_b$, double de la longueur d'onde primitive ou bien a-t-on *deux longueurs* d'onde λ_b ?

Si l'analogie avec le son se continuait pour les contours des anneaux qu; se succèdent, la réponse ne serait pas douteuse. Quand un son est à l'octave d'un autre, la figure suivante 15 représente les deux sons. C'est-à-dire que deux sons dont les longueurs d'onde sont entre elles comme $1 : \frac{1}{2}$ sont représentés par les symboles $ut_1 — ut_2$ et tracent sur un tambour de Foucault des ondulations comme celles ci-contre (*fig.* 15).

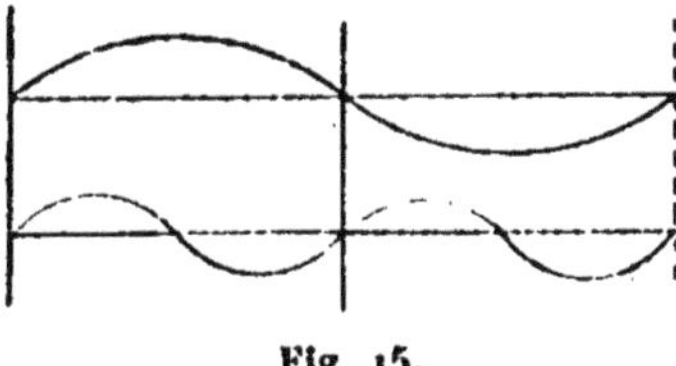

Fig. 15.

Elles sont représentées par les formules

$$\lambda = VT, \qquad \frac{\lambda}{2} = V\tau.$$

Or bien que T et τ représentent des durées différentes, on n'a pas eu l'idée que τ pût être le représentant d'un nouveau son, ne rentrant pas dans ceux de la gamme. Et c'est ainsi que l'on a *limité* le nombre des sons, bien que l'on pût avoir pour longueurs d'onde toutes les grandeurs possibles depuis celle répondant à ut_{-m} jusqu'à celle donnée pour ut_m, m étant un grand nombre. Si donc λ est la longueur d'onde d'un son fondamental ut, nous aurons des longueurs d'onde

$$\lambda^{(m)} = m\lambda \qquad \text{pour} \qquad ut_{-m},$$

et
$$\lambda^{(m)} = \frac{\lambda}{m} \qquad \text{»} \qquad ut_m,$$

Dans les anneaux colorés nous voyons que le violet succède immédiatement au rouge cramoisi, donc la longueur d'onde représentée par λ_v est sensiblement égale et un peu supérieure à celle du rouge ; à celle-ci succède celle du bleu Iris λ_{b_i} sensiblement égale et supérieure à celle du violet bleu qui est égale et supérieure à celle du violet λ_{v_i}, etc.....

Il en résulte donc que la figure suivante représente les longueurs d'onde *successivement croissantes* des couleurs correspondantes aux notes de ut à *si* (*fig.* 16).

Ainsi aucun doute à avoir, les longueurs d'onde des lumières sont exactement représentées par la figure suivante. Et par conséquent la longueur d'onde du violet est plus grande que celle du rouge dans le 2° anneau et lorsque l'on retombe du bleu d'Iris sur le bleu, la longueur d'onde du

bleu de ce 2e anneau est *le double* de celle du bleu du 1er anneau de même
que *ut_.* répond à une longueur double de celle de *ut*.

Lorsque M. Lippmann est arrivé à photographier les couleurs, il y est
arrivé précisément en faisant succéder les couleurs dans le sens des anneaux. Or pour que le rouge pût être photographié en A par exemple,
*sa longueur d'onde devait être nécessairement égale sensiblement à celle
du violet.* Jamais une telle photographie n'aurait pu être effectuée en A_t
si la longueur d'onde du violet eût été celle que l'on a en A. Il n'y a donc
aucun doute que l'accroissement des différences de marche que l'on cons-
tate dans la successsion des anneaux corresponde à des *longueurs d'onde
successivement croissantes* et *non,* comme on l'admettait jusqu'ici, *à des
multiples de longueurs d'onde invariables.*

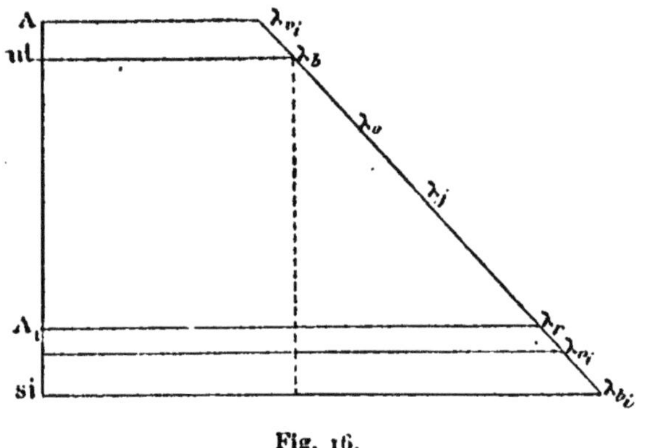

Fig. 16.

S'il en est ainsi alors que Fizeau et Foucault représentaient par

$$O - E = 2\,k\,\frac{\lambda}{2},$$

leurs différences de marche en millions de longueurs d'onde, k étant un
grand nombre, nous les représentons par

$$O - E = 2\,k\,\frac{L}{2}, \qquad \text{où} \qquad k = 1, 2,\ldots$$

ayant prouvé qu'ici comme dans les anneaux très écartés du centre, on
avait

$$L = m\lambda.$$

Mais il est un fait qui aurait pu depuis longtemps montrer l'impossibilité

de l'existence de différences de marche égales à des millions de longueurs d'onde, c'est que la succession des maxima et des minima qui caractérise les franges d'interférence n'existerait plus. Cette succession est représentée par les formules

$$O - E = 2k\,\frac{\lambda}{2} \qquad \text{et} \qquad O - E = (2k + 1)\,\frac{\lambda}{2},$$

or quand $2k$ devient *un grand nombre*, $\frac{\lambda}{2}$ doit être considéré comme nul par rapport à $2k\,\frac{\lambda}{2}$; donc il y aurait *continuité de l'intensité lumineuse*. Au contraire si l'on a

$$O - E = 2k\,\frac{L}{2}, \qquad O - E = (2k + 1)\,\frac{L}{2},$$

les propriétés des franges d'interférence se retrouvent avec les longueurs d'onde L comme elles existaient avec λ, parce que $2k$ et $2k + 1$ ont une différence de grandeur appréciable dans les deux cas.

En même temps nous faisons disparaître cette hypothèse absolument fausse qui nous conduisait à admettre avec Fizeau et Foucault que les rayons appelés à interférer devaient partir à des intervalles de temps $2M\,\frac{T}{2}$ considérables.

C'est inadmissible parce que l'intensité lumineuse de la source avait le temps de varier du tout au tout.

Ainsi par la polarisation rotatoire nous avions été amené à conclure qu'il existait des longueurs d'onde infiniment plus petites que celles que donnaient les premières mesures; par l'interprétation exacte des anneaux colorés et des expériences de Fizeau et Foucault nous concluons à des longueurs d'onde beaucoup plus grandes.

Nous sommes donc amené à représenter toutes ces longueurs d'onde comme on le fait pour les sons par le schéma suivant

$$\lambda_r^{(1)}\ldots\ldots\ldots\lambda_{v_i}^{(1)}$$

$$\lambda_r^{(-2)}\ldots\ldots\ldots\lambda_{v_i}^{(-2)} \qquad \lambda_r^{(2)}\ldots\ldots\ldots\lambda_{v_i}^{(2)}$$

$$\lambda_r^{(-3)}\ldots\ldots\ldots\lambda_{v_i}^{(-3)} \qquad\qquad \lambda_r^{(3)}\ldots\ldots\ldots\lambda_{v_i}^{(3)}$$

$$\lambda^{(-m)} = m\lambda^{(1)} \qquad\qquad \lambda^{(m)} = \frac{\lambda^{(1)}}{m}$$

Grandes longueurs d'onde
(Grandes différences de marche
Fizeau et Foucault)
(Phénomènes de Hertz)

Petites longueurs d'onde
(Polarisation rotatoire)
(Rayons de Rœtgen)

Et ici $\lambda_r^{(1)}$.........$\lambda_{v_i}^{(1)}$ représentent les longueurs d'ondes fondamentales actuelles, celles que Fresnel et Fraunhoefer ont mesuré dans leurs expériences, les seules dont jusqu'ici on avait admis l'existence. Si la décomposition de la lumière par le prisme ne donne qu'une classe de longueurs d'ondes

$$\ldots\ldots\lambda_r\ldots\ldots\lambda_{v_i}\ldots\ldots,$$

sans que l'on puisse dire d'avance à quel ordre $(-m)$ savoir $\lambda^{(-m)}$ elles appartiennent, les anneaux colorés d'un côté, les phénomènes de polarisation rotatoire de l'autre nous révèlent l'existence de ces différents ordres $(\mp m)$ de longueurs d'onde.

Mais ce qui résulte encore de cette analyse est ce qui suit. Les auteurs pour arriver aux longueurs d'onde de Hertz admettaient que, *dans le prisme* les longueurs d'onde dans la partie obscure au-delà du rouge allant en augmentant pouvaient atteindre des valeurs très grandes, de même *toujours dans le prisme*, les longueurs d'onde au delà du violet pouvaient tendre vers zéro.

Cette hypothèse conduisait à un nombre *illimité de tonalités différentes*, et non plus au nombre voisin de 7 des anciens pour la lumière comme pour le son. Dans la théorie nouvelle que nous venons de développer, dans *un prisme*, d'un angle déterminé, le nombre des lumières est *limité* de l'*extrême rouge* de Langley $\lambda = 5,3\ \mu$ à l'*extrême violet* des recherches de MM. Mascart et Cornu. S'il n'en était pas ainsi il n'y aurait pas *continuité* dans la succession des couleurs des anneaux colorés de divers ordres. Donc il est impossible d'admettre que *dans un prisme* les longueurs d'onde varient de

$$\lambda = \infty \qquad \text{à} \qquad \lambda = 0,$$

comme les auteurs le déduisaient sans scrupule de la formule des indices

$$n = A + \frac{B}{\lambda^2} + \frac{C}{\lambda^4} + \ldots\ldots$$

Dans notre théorie au contraire on peut avoir

$$\lambda^{(-m)} = m\lambda^{(1)} = \infty, \qquad\qquad \lambda^{(m)} = \frac{\lambda^{(1)}}{m} = 0,$$

mais uniquement parce que m devient un grand nombre. Le premier cas répond en acoustique aux sons extrêmement graves, et le second aux sons très aigus, les uns et les autres n'étant que des octaves des 7 notes de la gamme.

Le nombre des lumières est donc limité comme celui des sons, bien que la grandeur des longueurs d'onde variera de ∞ à o.

Tel est le premier point de notre analyse.

En résumé la première grave objection que l'on doit faire à la théorie actuelle est d'avoir, soit dans la démonstration théorique, soit dans les figures, raisonné comme s'il n'y avait de rotation du plan primitif qu'après un temps T, temps d'une oscillation complète du rayon incident polarisé rectilignement. D'avoir consécutivement supposé que le pas des hélices décrites était de l'ordre de grandeur des longueurs d'onde λ_1, λ_2, et que la spire n'était par suite complètement parcourue, dans le temps T. Or comme $\lambda_1 = \dfrac{\lambda}{n}\left(1 + \dfrac{\delta}{2}\right)$, admettre un tel pas c'était supposer pour $D - G = \lambda$ que $R = \varpi$ et pour le quartz et les rayons jaunes que $z = 7^{mm},5$. Ainsi on n'expliquait pas la rotation pour des épaisseurs de quartz moindres de $7^{mm},5$ et c'est ce que l'on voit effectivement dans les figures de Billet que nous reproduisons dans lesquelles le pas de l'hélice occupe des épaisseurs de 7 à 8 centimètres (*fig.* 17 et 18).

En supposant au contraire que grâce à une amplitude convenable $\dfrac{\beta}{2}$ au lieu de $\dfrac{\alpha}{2}$, il y eût m circonférences décrites dans le temps T, on pouvait substituer à des spires de pas λ_1, des spires de pas $\dfrac{\lambda_1}{m}$, m étant un grand nombre, et expliquer et construire les spires pour des lames minces cristallisées donnant encore des rotations de $0°,45$ pour des épaisseurs atteignant à peine $\dfrac{\lambda}{400}$ pour les rayons jaunes, et correspondant à des durées de propagations égales à $\dfrac{T}{400}$.

La première critique à faire à la théorie actuelle était de ne pas avoir vu que par suite de la différence infiniment petite des vitesses des rayons circulaires droit et gauche on devait substituer à des lumières de même tonalité des durées $\tau = \dfrac{T}{m}$ et des longueurs d'onde $\lambda^{(m)} = \dfrac{\lambda}{m}$ aux durées T et aux longueurs d'onde habituelles λ, qui sont ici des grands nombres. La valeur de m s'obtiendra facilement. Si ρ est la rotation correspondant à la lame mince pour laquelle il n'y a plus de dispersion savoir

$$\rho = \frac{\varpi}{m}\, z . \frac{n'' - n'}{\lambda^{(m)}} = \frac{\varpi}{m}\, z . \frac{n''_1 - n'_1}{\lambda'^{(m)}}.$$

Si l'on pose $\dfrac{n'' - n'}{\lambda} = \text{const.} = c$ et que l'on fasse $m_1 = \dfrac{m}{c}$ d'où

$$\rho = \frac{\varpi}{m_1}.z \qquad \text{et par suite} \qquad m_1 = \varpi\,\frac{z}{\rho}.$$

Donc en prenant pour m une valeur entière voisine de m_1 et qui corresponde à une lame mince pour laquelle il y a rotation et non dispersion, la valeur de m sera connue puisque la seule condition que l'on aura posée est que l'on ait un entier voisin de m_1.

On tire des formules précédentes

$$m = \frac{\varpi}{\rho}.\frac{(n'' - n')}{\lambda^{(m)}},$$

m devant être un entier abstrait, on aura la même grandeur pour $\lambda^{(m)}$ que pour $z\,(n'' - n')$. Ainsi $\rho = 0°,45$ pour $z = 0^{mm},01875$ il en résulte que $0^{mm},01875 \times (n'' - n')$, indiquera si $\lambda^{(m)}$ sera des millièmes, dix millièmes ou ..... de millimètre. Or on a

$$n'' - n' = n\delta$$

et les valeurs suivantes des δ sont :
il en résulte que pour les rayons jaunes, et $n = 1,5$

$$0^{mm},01875 \times n \times 0,00005 = \frac{7,5 \times 0^{mm},01875}{100\,000}$$

$$\left\{ \begin{array}{l} \text{B} - 0,0000\ 3,79 \\[6pt] \text{D} - 0,0000\ 4,59 \\[6pt] \text{G} - 0,0000\ 6,47 \end{array} \right.$$

$$= \frac{0^{mm},14}{100\,000} = \frac{1^{mm},4}{1\,000\,000} = \frac{3}{2}\ \frac{1^{mm}}{1\,000\,000}.$$

Ainsi $\lambda^{(m)}$ est de l'ordre du millionième de millimètre.

D'un autre côté $m_1 = 180\ \dfrac{0^{mm},01875}{0,45} = 310 \times 0^{mm},01875$,

et $c = \dfrac{n'' - n'}{\lambda^{(m)}} = n \times \dfrac{0,00000.x}{\lambda^{(m)}} = n.\,x.\,\dfrac{10}{1\,000\,000\ \lambda^{(m)}} = \dfrac{10.\,n.\,x}{y}$,

y étant le chiffre caractéristique de $\lambda^{(m)}$,
donc

$$m_1 c = 310 \times 0,1875 \times n.\,x.\,\frac{1}{1\,000\,000\ \mu} = 3100 \times 0,1875 \times n \times x.\,\frac{1}{0,y}.$$

Ainsi en mettant pour $\lambda^{(m)}$ sa valeur $\dfrac{y}{1\,000\,000}$, on voit que le chiffre caractéristique est

$$m = 310 \times 0{,}1875 \times n\,\frac{x}{y}.$$

L'introduction des longueurs d'ondes rotatoires $\lambda^{(m)}$ et des durées τ correspondant à la même lumière $(\lambda,\ T)$, comme un son aigu ut_m a la même tonalité qu'un son fondamental ut_1, nous a donc permis de traiter le problème exactement comme Fresnel l'avait fait, ayant simplement substitué τ à T dans les formules de ses rayons circulaires et ayant obtenu pour la rotation par conséquent

$$R = \frac{m}{m}\,\frac{D - G}{\lambda^{(m)}},$$

où $m\lambda^{(m)} = \lambda$ des formules de Fresnel.

II

Ainsi premier point que les auteurs n'avaient pas aperçu, la polarisation rotatoire introduisait nécessairement des longueurs d'onde en raison harmonique avec celles du vide et infiniment plus petites que celles que donnent les franges d'interférence.

Pour la commodité du lecteur nous conserverons provisoirement les anciennes longueurs d'onde de Fresnel pour les rayons circulaires droit et gauche, puisque nous passons très facilement de celles-ci aux nôtres, les hélices ne différant que par la hauteur du pas. Et nous allons tout d'abord nous arrêter sur la hauteur du pas des hélices dans la théorie actuelle.

Voici les deux figures extraites de l'ouvrage de Billet (*fig.* 224-225) qui montrent bien ce qui est enseigné aujourd'hui.

Dans la première figure 17 les deux vitesses de propagation sont supposées égales et les deux hélices se coupent en f et c, les deux pas des hélices sont égaux.

Dans la seconde figure l'une des vitesses a pris une avance sur la seconde. L'hélice X*geh* est devenue X*g'e'h'k* l'hélice YY, étant restée la même. Le texte était bien conforme à ces figures car Billet écrivait (t. II, p. 210).

« Quand les deux circulaires n'ont plus la même vitesse de propagation..... Si le dextrorsum, par exemple, allait plus vite, son hélice, prenant un *pas plus grand* deviendrait..... ».

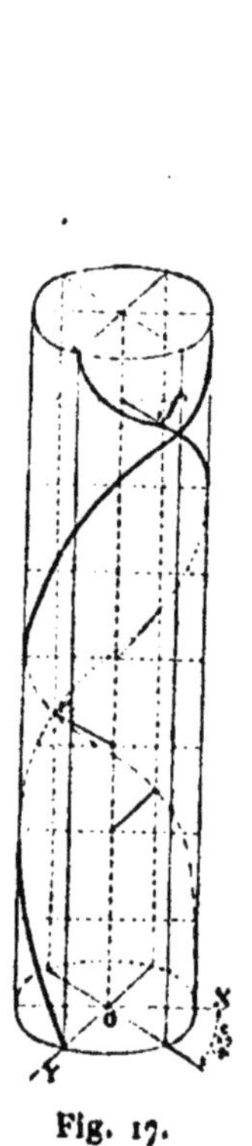

Fig. 17.

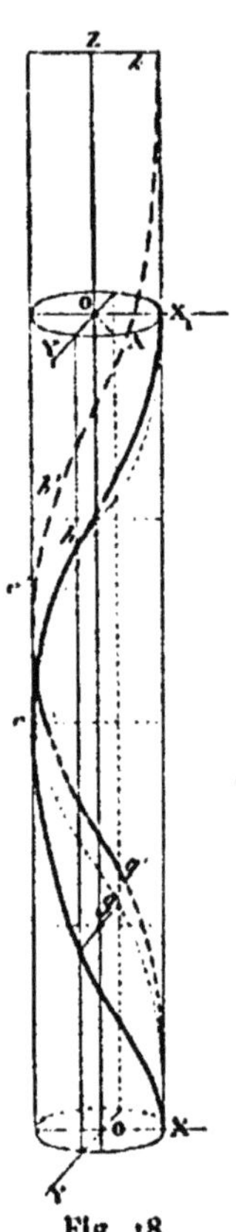

Fig. 18.

Billet ajoutait encore (t. II, p. 211).

« Pendant ce temps le plus rapide se sera avancé de $\lambda' = v'$ T et comme il faut tout ce trajet pour fournir une *spire entière* de son hélice... ».

Il en résulte donc que les longueurs d'onde étaient comptées sur une arête commune correspondant à un tour entier 360° des deux spires, ou les demi-longueurs d'onde sur une arête MA, correspondant à une demi-circonférence (*fig.* 19).

Cette figure 19 est bien la représentation de ce qui est enseigné actuellement ; on en déduit en effet

$$\frac{x}{180°} = \frac{MB_1}{MA_1} = \frac{v'' \frac{T}{2}}{v' \frac{T}{2}} = \frac{v''}{v'},$$

qui est la relation que donne Billet, p. 211.

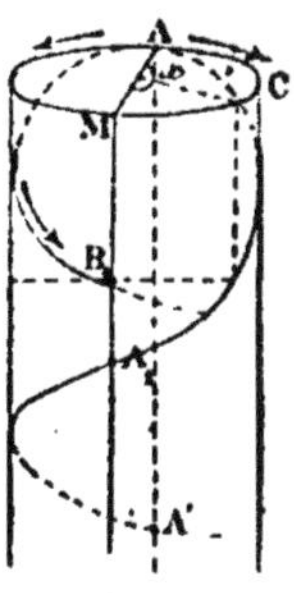

Fig. 19.

Ainsi dans la théorie actuelle, chaque rayon a *son* hélice dont λ', λ'' sont les pas.

Or si Fresnel s'était reporté à la formule de Newton

$$v = \sqrt{\frac{e}{d}},$$

dont il fit usage dans la théorie de la réflexion et de la réfraction de la lumière polarisée, il aurait vu qu'en faisant en outre appel aux formules

$$v' = v \left(1 + \frac{\delta}{2}\right), \qquad v'' = v \left(1 - \frac{\delta}{2}\right),$$

dans lesquelles δ étant une quantité *très petite*, on admettait implicitement que v', v'' jouissaient des mêmes propriétés que v surtout étant donné que « la vitesse de propagation d'un mouvement vibratoire dans un milieu homogène est toujours, comme on sait, égale à $\sqrt{\frac{e}{d}}$, e représentant l'élasticité du milieu, et d la densité » (Verdet, *Leçons d'Optique physique*, t. II, p. 396.

Par conséquent la seule manière de comprendre l'inégalité des vitesses de propagation, était d'admettre que sur les deux hélices égales *de même pas* (*fig.* 20) les densités de l'éther prenaient des valeurs d', d''.

L'hypothèse d'une cristallisation spéciale hémiédrique du corps pondérable suffisait à permettre de comprendre que la densité de l'éther sur les hélices droite et gauche fût différente et que l'on pût admettre l'inégalité de propagation des vitesses.

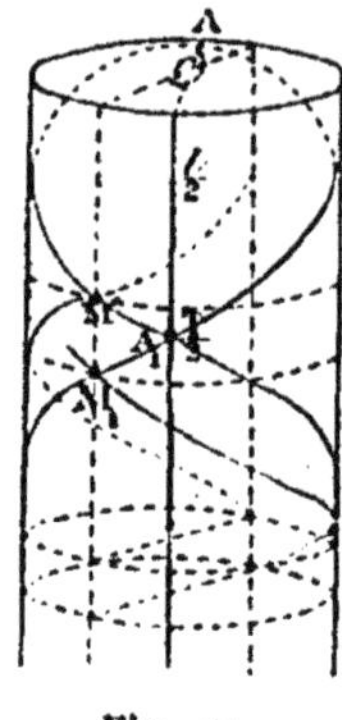

Fig. 20.

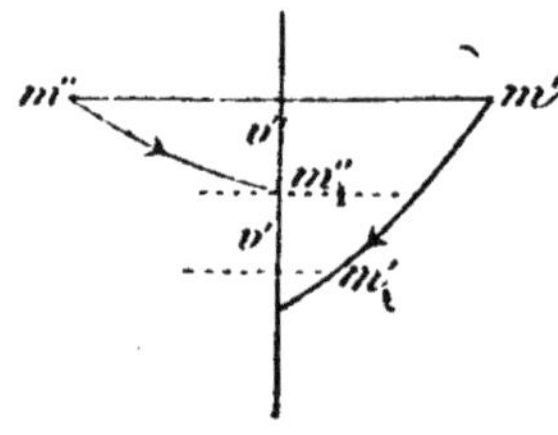

Fig. 21.

Mais la densité aurait pu être *rigoureusement la même*, $d' = d''$ et les vitesses paraitre *inégales*, étant comptées suivant la verticale, si les *courbes décrites n'avaient pas été symétriques*, le chemin parcouru ayant été le même $m'm'_1 = m''m''_1$ dans le même temps. *Les hélices doivent donc avoir le même pas.* S'il en était autrement la vitesse de propagation des ondes *n'obéirait plus à aucune loi connue* puisque l'on pourrait observer des vitesses, suivant la verticale, inégales $v' > v''$ quoique la densité serait la même sur les hélices, suivant lesquelles les ondes se propagent (*fig.* 21).

En outre si l'on remplace les vitesses v', v'' par leurs valeurs $v\left(1 + \right)\frac{\delta}{2}$, $v\left(1 - \frac{\delta}{2}\right)$ ce qui donne en faisant $vT = l$,

$$\lambda' = l\left(1 + \frac{\delta}{2}\right), \qquad \lambda'' = l\left(1 - \frac{\delta}{2}\right);$$

on voit (*fig.* 20) que l'on devait d'abord construire les deux hélices droite et gauche, comme on peut le faire dans un milieu non hémiédrique, substituées à de la lumière polarisée rectilignement de vitesse v et de longueur d'onde l. A l'époque $\frac{T}{2}$, les deux molécules seraient en A_1, et leurs projections auraient exactement tracé une demi-circonférence. Que conformément à la loi de Newton les densités deviennent différentes sur ces deux hélices, alors $v' > v$ et $v'' < v$ par suite *dans le temps* $\frac{T}{2}$, l'une sera arrivée en M_1 puisque $v' > v$ et l'autre en M' puisque $v'' < v$, et sur une même arête puisque l'on a $\pm l\frac{\delta}{2}$.

Donc à l'*époque* $\frac{T}{2}$ l'un aura parcouru l'arc $\varpi + \omega$ et l'autre l'arc $\varpi - \omega$, et c'est sur cette arête qui ne répond nullement à un arc ϖ que l'on aura dû compter les *demi-longueurs d'onde* $\frac{\lambda'}{2}$, $\frac{\lambda''}{2}$.

Remarquons qu'il est impossible de déduire des relations

$$v' = v\left(1 + \frac{\delta}{2}\right) \qquad v'' = v\left(1 - \frac{\delta}{2}\right)$$

que

$$v' > v, \qquad v'' < v$$

répondent à des vitesses de propagation inégales sur les hélices si l'on n'admet pas que la *même hélice* soit parcourue quand le cristal possède ou non ($\delta = o$) le pouvoir rotatoire.

Ainsi il était impossible de représenter autrement que nous venons de le faire les véritables hélices décrites.

D'un autre côté M, M' ne sont pas sur le même plan après le temps $\frac{T}{2}$; il en serait de même après le temps T, si les ondes continuaient à se propager à la manière admise par Fresnel. C'est pour cela que les auteurs pour permettre aux hélices de se couper dans des azimuts autres que des multiples de ϖ, en ont été réduits à admettre l'inégalité du pas des hélices et à donner la figure 18.

Par conséquent la théorie actuelle pour expliquer la rotation du plan primitif de polarisation ne pouvait pas faire autrement que d'admettre l'inégalité du pas des deux hélices.

Et cette hypothèse était absolument inexacte comme nous venons de le voir d'après la formule de Newton, puisqu'elle aurait pu nous donner des vitesses inégales suivant la verticale, alors que pour des densités égales de l'éther sur les hélices on aurait eu des vitesses de propagation égales.

C'est pour permettre aux mouvements de se propager sur des hélices égales et d'un autre côté pour permettre aux points M, M_1 de se retrouver en coïncidence, que nous avons été amené à concevoir qu'après un arc $\varpi + \omega$ décrit par l'onde la plus rapide, et $\varpi - \omega$ par la moins rapide, des arcs *contraires* étaient décrits par les deux rayons. C'est-à-dire que le principe fondamental des *oscillations* se retrouvait avec des rayons polarisés *circulairement* comme avec des rayons polarisés rectilignement.

Et c'est ainsi qu'aux anciennes figurés des auteurs nous avons substitué les suivantes qui nous permettront d'expliquer en outre comment deux rayons circulaires droit et gauche se propageant avec des vitesses inégales et partant *en même temps* de M se retrouvent *en même temps* en M_1. Nous avons vu dans l'introduction qu'il était impossible de ne pas admettre que la rotation ne fût due aux deux rayons circulaires droite et gauche *partant en même temps*.

Mais il convient de montrer ce que nous n'avions pas encore fait que les hélices égales tracées d'un mouvement oscillatoire viennent se couper après un chemin parcouru $\dfrac{l_1 + l_2}{2}$ et pour une rotation 2ω. Autrement dit si après un chemin $\dfrac{l_1 + l_2}{4}$ les deux rayons s'étant propagés inégalement vite, sur une même arête dans un azimut ω, après un nouveau mouvement oscillatoire ils se retrouveront comme au départ en coïncidence mais dans un azimut 2ω avec les anciennes notations, $\dfrac{l_1^{(m)} + l_2^{(m)}}{2}$ et $\dfrac{2\omega}{m}$ avec les notations nouvelles.

A cet effet prenons la figure suivante :

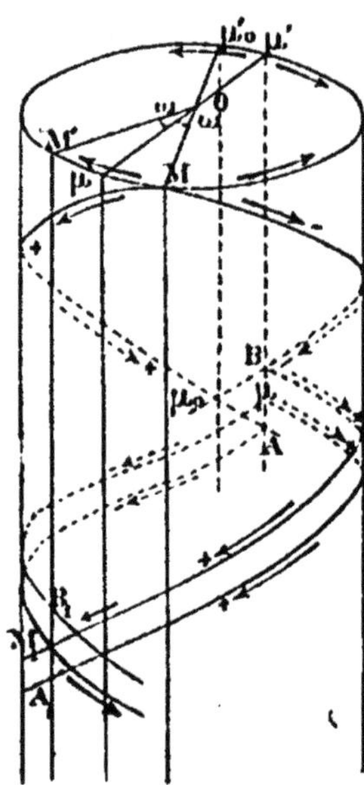

Fig. 22.

Du point M partent les deux hélices ayant même pas. Si les deux vitesses étaient égales, après un demi tour de spire sur chaque on serait en μ_0. Si l'on marche inégalement vila sur les deux hélices, (+) la plus rapide, (—) la moins rapide, on arrivera en même temps en A et B, projection μ' dont l'angle avec $M\mu'_o$ sera égal à ω. Si l'on part de μ partie médiane à A et B, même hauteur que μ_o et ayant pour projection μ' et qu'on trace toujours les mêmes hélices de ce point, celles-ci parcourues avec la même vitesse, on serait en μ_1 projection μ'_1 après un demi-tour de spire.

Si elles sont parcourues avec des vitesses inégales on arrivera en même temps en A_1 et B_1 projection M'_1 faisant un nouvel angle ω avec μ'_1 μ'. Cela posé les deux hélices égales que l'on fait partir de B et A parcourues avec les vitesses + et — se couperont en M_1 puisque $\mu B = M_1 B_1$ et $\mu A = M_1 A_1$ et M_1 est sur un même plan que μ_1. Nous avons donc ainsi démontré que les hélices parcourues étant toujours symétriques et égales (même pas) et alternativement avec des vitesses + et —, se coupent en M_1 dont la projection M'_1 donne un rayon OM'_1 faisant un angle 2ω avec la direction primitive MO, au bout d'un temps T.

Cette figure nous donne toujours dans l'hypothèse d'un mouvement uniforme

$$\frac{\dfrac{l_1 + l_2}{4}}{180} = \frac{\dfrac{l_1}{2}}{180 + \omega} = \frac{\dfrac{l_2}{2}}{180 - \omega} = \frac{\dfrac{l_1 - l_2}{2}}{2\omega},$$

d'où

$$2\omega = \varpi \frac{l_1 - l_2}{\dfrac{l_1 + l_2}{2}} = \varpi l \left(\frac{1}{l_2} - \frac{1}{l_1} \right).$$

Si nous avions introduit les véritables longueurs d'onde $l_2^{(m)}$, $l_1^{(m)}$ nous aurions eu

$$2\omega^{(m)} = \frac{\varpi}{m} l^{(m)} \left(\frac{1}{l_2^{(m)}} - \frac{1}{l_1^{(m)}} \right),$$

pour la rotation élémentaire $2\omega^{(m)}$. En admettant que les épaisseurs traversées étaient des multiples exacts de $l^{(m)}$ et la rotation R les mêmes multiples de $2\omega^{(m)}$ savoir $\dfrac{R}{2\omega^{(m)}} = \dfrac{x}{l^{(m)}}$, on a donc

$$R = \frac{\varpi}{m} x \left(\frac{1}{l^{(m)}} - \frac{1}{l_2^{(m)}} \right) = \varpi x \left(\frac{1}{l_2} - \frac{1}{l_1} \right).$$

On retrouve ainsi l'expression de la rotation de Fresnel puisque

$m l_2^{(m)} = l_2$, $m l^{(m)} = l_1$, mais on voit la restriction apportée à cette formule qui nous montre qu'il n'y a de rotation que pour des multiples exacts de $2\omega^{(m)}$ et qu'au dessous d'une épaisseur $l^{(m)}$ il *n'y a pas de rotation*. L'ancienne théorie n'apportait aucune restriction à l'épaisseur du moins dans les formules, puisque dans les figures on ne voyait de rotation qu'après des épaisseurs correspondant à $\dfrac{v_g + v_d}{2}$ T au minimum, c'est-à-dire énormes.

Fresnel et tous les auteurs ne connaissant pas les véritables valeurs de $l_2^{(m)}$, $l_1^{(m)}$ avaient fait appel aux relations habituelles (p. 45) et on obtenait

$$R = \frac{\varpi}{m} \, z \left(\frac{1}{v_g} - \frac{1}{v_d} \right) \frac{1}{z} = \frac{\varpi}{m} \frac{D - G}{\lambda^{(m)}}.$$

Ainsi avec des hélices *égales* nous retrouvions la formule de Fresnel en admettant des mouvements oscillatoires. En même temps une notion nouvelle s'introduisait, l'*impossibilité d'obtenir une rotation avant que l'oscillation complète ne fût achevée.* Pour ω, pas de rotation parceque A et B (*fig.* 22) ne sont pas en coïncidence, mais en M_1 il y a coïncidence, par suite rotation possible 2ω pour une épaisseur traversée $\dfrac{l_1 + l_2}{2}$, tandis que pas de rotation pour $\dfrac{l_1 + l_2}{4}$. Dans nos nouvelles notations, la rotation aurait déjà lieu pour $\dfrac{l_1^{(m)} + l_2^{(m)}}{2}$ et pas pour $\dfrac{l_1^{(m)} + l_2^{(m)}}{4}$, pour M $\dfrac{l_1^{(m)} + l_2^{(m)}}{2}$ et jamais pour M $\dfrac{l_1^{(m)} + l_2^{(m)}}{4}$, M étant un entier.

Et alors raisonnant dans les anciennes notations nous nous expliquions pourquoi les auteurs, sans dire pourquoi, ont toujours supposé que le minimum de temps fut $t = T$ et non $\dfrac{T}{2}$.

D'après la formule de Fresnel z était sensément quelconque, par suite t aurait dû représenter une fraction quelconque de T, et cependant soit dans les figures, soit dans les raisonnements on avait toujours $t = MT$, ce qui supposait $z = Ml$, M étant un entier. D'après notre théorie il ne pouvait y avoir de rotation au-dessous de $\dfrac{l_1 + l_2}{2}$ ou plutôt de $\dfrac{l_1^{(m)} + l_2^{(m)}}{2}$. Nous expliquons donc ce fait sur lequel les auteurs avaient prudemment fait le silence.

III

Arrivé à ce point, il n'y avait plus de doute à avoir; nous retrouvions la formule de Fresnel, nous faisions disparaître ce fait inadmissible de l'ancienne théorie d'un rayon circulaire devant partir avec un retard qui pouvait être considérable pour venir interférer avec un autre rayon circulaire à la sortie; nous pouvions faire passer une roue dentée devant un quartz taillé perpendiculairement à l'axe sans craindre qu'elle apportât alternativement de la lumière circulaire ou rectiligne alors que c'était toujours de la lumière polarisée rectilignement qui tombait sur ce cristal. Par conséquent le principe des oscillations circulaires était bien démontré dans notre théorie.

Mais lorsqu'un cercle est décrit d'un mouvement oscillatoire, l'oscillation est-elle uniforme comme dans le balancier, ou variable comme dans le pendule?

En admettant que le mouvement fût *uniforme*, nous *retrouvions de suite la formule de Fresnel*. Mais dans les milieux élastiques, jamais un mouvement *oscillatoire* n'est uniforme; le plus simple de tous, le mouvement rectiligne est représenté par la formule

$$\varepsilon = \delta \sin 2\varpi \frac{t}{T}.$$

Et alors nous en sommes arrivé à nous demander si l'hypothèse de l'uniformité du mouvement faite par Fresnel était bien exacte; et par suite si les formules admises depuis lui par l'universalité des savants, *sans qu'on ait jamais songé à les mettre en doute*:

$$R = \varpi z \left(\frac{1}{l_2} - \frac{1}{l_1}\right) = \varpi z \left(\frac{1}{v_g} - \frac{1}{v_d}\right)\frac{1}{T} = \varpi \frac{D - G}{\lambda},$$

étaient conformes à la réalité des faits.

Et d'abord pourquoi Fresnel n'obtenait-il pas d'emblée la formule de Biot, $R = \varpi z \frac{B}{\lambda^2}$?

Pourquoi arrivait-il à l'expression

$$R = \varpi z \frac{n\delta}{\lambda} = \varpi z \frac{n'' - n'}{\lambda},$$

laissant à l'expérience le soin de prouver que $n\delta$ était de la forme $\frac{B}{\lambda}$? Lorsqu'on établit une formule théorique, lorsque l'on a donné la formule des indices dans un milieu non hémiédrique :

$$n = A + \frac{B}{\lambda^2} + \frac{C}{\lambda^4} + \ldots..$$

on n'a jamais invoqué l'expérience que pour déterminer les *constantes*. Qu'aurait-on dit d'une théorie qui aurait donné pour les indices

$$n = A + \frac{B}{\lambda} + \frac{C}{\lambda^3} + \ldots..$$

et qu'on aurait *rectifiée* en déclarant que d'après l'expérience B, C, étaient proportionnels à $\frac{1}{\lambda}$?

Enfin fait plus grave, pourquoi Fresnel qui connaissait la formule de Newton

$$v = \sqrt{\frac{e}{d}},$$

ne l'a-t-il pas appliquée à ses deux vitesses circulaires? Comme nous l'avons expliqué dans l'introduction, il a négligé de parler ·de cette formule, parce qu'elle le conduisait pour la rotation à la *raison inverse* de la *simple longueur d'onde*, ce qui prouvait l'insuffisance de ses hypothèses. Fresnel ayant laissé à Mac-Cullagh le soin de prouver que $\left(\frac{1}{v_g} - \frac{1}{v_d}\right)$ était proportionnel à $\frac{1}{\lambda}$, nous avons donc dû avant d'aller plus loin vérifier si réellement ce dernier avait trouvé cette relation, comme on l'enseigne encore aujourd'hui. Dans ce cas en effet la formule de Newton ne se serait pas appliquée à des rayons circulaires, et l'hypothèse du mouvement uniforme de Fresnel étant exacte, il n'y avait qu'à introduire la modification du mouvement oscillatoire uniforme que nous avons faite pour rendre compte de tout.

Or nous allons montrer que Mac-Cullagh n'avait pas le droit avec ses formules de calculer la différence d'indices $n'' - n'$. Exactement comme nous avons montré dans notre « Théorie nouvelle de la dispersion » que Cauchy ne devait pas et n'avait pu déduire les indices de sa formule des vitesses établie pour un *seul milieu*.

Mais même en calculant les indices comme Mac-Cullagh l'avait fait, et avec ses propres formules noùs allons montrer que celui-ci n'était arrivé pour $n'' - n'$ à la valeur $\frac{B}{\lambda}$ que grâce au *même subterfuge* déjà employé par Cauchy, que nous avons dévoilé pour la première fois et qui consistait à admettre comme première approximation $n = 0$, ce qui correspond à un phénomène qui ne s'est jamais vu. La seule approximation plausible quand les discussions analytiques s'inspirent des expériences, était $n' = n'' = n$, et en la faisant on n'obtenait pas $n'' - n' = \frac{B}{\lambda}$.

Toute la théorie de Fresnel s'écroulait donc, puisque l'on n'avait pas la ressource d'invoquer celle de Mac-Cullagh pour dire que $\left(\frac{1}{v_g} - \frac{1}{v_d} \right)$ était proportionnel à $\frac{1}{\lambda}$.

Une fois convaincu que la théorie de Mac-Cullagh ne donnait rien, nous avons été plus loin et nous nous sommes appliqué à démontrer que ces théories avaient été établies *en contradiction avec les principes mêmes de l'élasticité.*

Comme nous l'avons indiqué dans notre introduction, les formules de Fresnel et de Mac-Cullagh conduisent à

$$\frac{d^2 s'}{dt^2} = 0, \qquad \frac{d^2 s''}{dt^2} = 0,$$

pour les deux cercles s', s''.

Or s'il y a une *onde* qui se propage avec une vitesse

$$V^2 = - \frac{F}{4 \pi^2} l^2,$$

formule fondamentale de l'élasticité, ceci n'a lieu que pour un mouvement OSCILLATOIRE exprimé par

$$\frac{d^2 \varepsilon}{dt^2} = F \varepsilon.$$

Écrire $\frac{d^2 \varepsilon}{dt^2} = 0$, c'était faire $F = 0$, d'où $V = 0$.

On voit l'incohérence des formules de Fresnel et de Mac-Cullagh, qui *admettaient* la propagation d'*ondes polarisées circulairement* et qui donnaient des formules qui *excluaient l'existence de ces ondes.*

Quelles étaient donc alors les vitesses que Mac-Cullagh avaient calculées dans sa théorie? Ce sera le dernier point que nous examinerons.

Notre conclusion sera que Mac-Cullagh avait obtenu ce qu'il avait en réalité établi *a priori* en partant des formules de la double réfraction : des vitesses de rayons polarisés *rectilignement*, soumis à de certaines conditions.

C'était des ondes polarisées *rectilignement* que son milieu biréfringent artificiel engendrait et *non* des ondes polarisées *circulairement*.

Tels sont les points que nous allons développer.

Prenons d'abord les équations, à une certaine distance de l'entrée, de Fresnel :

$$(1) \quad \begin{cases} \eta = \dfrac{b}{2} \cos 2\varpi \left(\dfrac{t}{T} - \dfrac{z}{l_1} \right), \\[2ex] \xi = \dfrac{b}{2} \sin 2\varpi \left(\dfrac{t}{T} - \dfrac{z}{l_1} \right), \end{cases} \qquad (2) \quad \begin{cases} \eta' = \dfrac{b}{2} \cos 2\varpi \left(\dfrac{t}{T} - \dfrac{z}{l_2} \right), \\[2ex] \xi' = -\dfrac{b}{2} \sin 2\varpi \left(\dfrac{t}{T} - \dfrac{z}{l_2} \right). \end{cases}$$

Un voit en les ramenant à la forme des relations de l'élasticité que celles-ci reviennent à

$$(1^{\text{bis}}) \quad \begin{cases} \dfrac{d^2\eta}{dt^2} = -\dfrac{4\varpi^2}{T^2} \eta, \\[2ex] \dfrac{d^2\xi}{dt^2} = -\dfrac{4\varpi^2}{T^2} \xi, \end{cases} \qquad (2^{\text{bis}}) \quad \begin{cases} \dfrac{d^2\eta'}{dt^2} = -\dfrac{4\varpi^2}{T^2} \eta', \\[2ex] \dfrac{d^2\xi'}{dt^2} = -\dfrac{4\varpi^2}{T^2} \xi'. \end{cases}$$

Or ces deux équations donnent

$$F = -\frac{4\varpi^2}{T^2},$$

et le rayon incident

$$y = b \cos 2\varpi \frac{t}{T}, \text{ qui avait engendré (1) et (2)}$$

avait donné

$$\frac{d^2y}{dt^2} = -\frac{4\varpi^2}{T} y = Fy.$$

La théorie conduit donc suivant l'*hypothèse fondamentale des auteurs* à

$$F = \text{const.},$$

depuis la source dans un milieu non hémiédrique *jusqu'aux* molécules en vibration dans un milieu hémiédrique.

Seulement dans le premier milieu on avait

$$F = -\frac{4\varpi^2}{T^2} = -\frac{4\varpi^2 V^2}{\lambda^2},$$

et dans le second milieu pour les rayons (1) et (2) de vitesses v', v'',

$$F = -\frac{4\varpi^2}{T^2} = -4\varpi^2\frac{v'^2}{l_1^2}, \qquad F = -\frac{4\varpi^2}{T^2} = -4\varpi^2\frac{v''^2}{l_2^2}.$$

Puisque $F = $ const., il faut donc que

$$\frac{v'}{l_1} = \frac{v''}{l_2}.$$

Fresnel a donc été logique avec lui-même en posant les équations *simultanées*

$$\begin{cases} v' = v\left(1 + \frac{\delta}{2}\right), & v'' = v\left(1 - \frac{\delta}{2}\right), \\ l_1 = l\left(1 + \frac{\delta}{2}\right), & l_2 = l\left(1 - \frac{\delta}{2}\right). \end{cases}$$

qui conduisent à

$$\frac{v'}{l_1} = \frac{v''}{l_2} = \frac{v}{l} = \frac{V}{\lambda}.$$

Ainsi on voit que Fresnel faisait abstraction de toutes forces étrangères à l'élasticité pour modifier la constance de F, quand on change de milieu.

Voici maintenant où son hypothèse était en défaut. Il admettait que les relations (1) et (2) étaient celles de *deux rayons* polarisés *circulairement* ayant des vitesses v', v''. Si (1) représente une *onde* polarisée circulairement de vitesse v', on aura

$$\frac{d\eta}{dt} = -\frac{2\varpi}{T}\frac{b}{2}\sin 2\varpi\left(\frac{t}{T} - \frac{z}{l_1}\right), \qquad \frac{d\xi}{dt} = \frac{2\varpi}{T}\frac{b}{2}\cos 2\varpi\left(\frac{t}{T} - \frac{z}{l_1}\right),$$

et comme pour le cercle s' on a

$$ds'^2 = d\xi^2 + d\eta^2,$$

il viendra

$$\left(\frac{ds'}{dt}\right)^2 = \frac{4\varpi^2}{T^2},$$

d'où

$$\frac{d^2s'}{dt^2} = 0.$$

Or pour que v' fût la vitesse de propagation d'une onde polarisée circulairement de longueur d'onde l_1, il aurait fallu que l'on eût

$$\frac{d^2s'}{dt^2} = F_1 s',$$

qui aurait donné en effet

$$F_1 = - \frac{4\varpi^2}{T^2} = - \frac{4\varpi^2}{l_1^2}\, v'^2 ;$$

comme $F_1 = o$, $v' = o$.

Ainsi la vitesse d'une *onde polarisée circulairement* aurait été nulle. Donc les *équations de Fresnel n'ont jamais représenté* deux ondes *polarisées circulairement* se propageant avec des vitesses v', v''.

Elles ont représenté dans un milieu cristallin *quatre* rayons polarisés *rectilignement*, dans deux plans perpendiculaires et présentant une différence de phase $\frac{\varpi}{2}$. Or un tel milieu paraît absolument imaginaire. Car puisque nous ne pouvons être en présence que de rayons polarisés *rectilignement*, il était inadmissible d'admettre des vitesses v', v'' de propagations différentes pour des rayons polarisés *dans le même plan*.

Aussi n'est-il pas étonnant que nous montrions que la relation

$$\frac{d^2 s'}{dt^2} = o,$$

est en contradiction avec ces vitesses d'*ondes polarisées circulairement* que l'on admettait.

Mais étudions de plus près la manière de faire de Fresnel. Sur, quoi ce savant s'était-il en réalité basé pour substituer ce qu'il croyait représenter deux rayons circulaires à un rayon polarisé rectilignement ? Sur cette première hypothèse qu'à l'entrée on pouvait admettre que les deux mouvements (*fig.* 23) :

$$r' = \frac{b}{2}\cos 2\varpi\, \frac{l}{T}, \qquad\qquad r'' = \frac{b}{2}\cos 2\varpi\, \frac{l}{T},$$

étaient brusquement substitués à $y = b\cos 2\varpi\, \frac{l}{T}$. Nous avons démontré dans l'introduction que c'était une première inexactitude, attendu qu'en Optique comme en Acoustique l'amplitude est intimement liée à la durée T des oscillations, et qu'on ne peut modifier l'une sans changer l'autre. C'est cet oubli qui n'a pas permis aux auteurs de songer que la polarisation rotatoire conduisait précisément à la preuve de la transformation des longueurs d'onde habituelles en longueurs d'onde en raison harmonique avec les premières. Mais ceci laissé de côté, que faisait encore Fresnel ?

Il admettait que la molécule O était à la fois sollicitée par des *mouvements vibratoires* contraires perpendiculaires à Or, (*fig.* 23) présentant avec

η une différence de phase égale à $\dfrac{\pi}{2}$, mouvements vibratoires qui pris séparément feraient vibrer O d'après les relations

$$\xi' = \frac{b}{2}\sin 2\varpi\,\frac{t}{T}, \qquad \xi'' = -\frac{b}{2}\sin 2\varpi\,\frac{t}{T}.$$

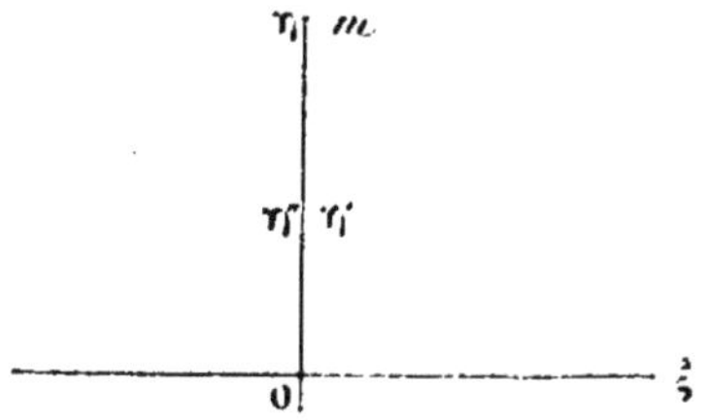

Fig. 23.

Or cette dernière hypothèse n'est nullement en rapport avec la manière dont on traite ces problèmes en Mécanique. Là on a toujours le droit de supposer qu'un point m (*fig.* 24) est sollicité par deux forces égales et contraires, qui ne modifieront pas son état d'équilibre ou de mouvement

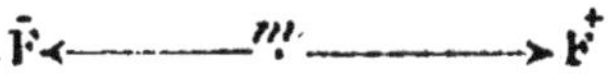

Fig. 24.

mais ces forces contraires agissent toujours dans le même sens et répondent à des forces que l'on sait devoir exister dans le nouveau milieu et que l'on introduit d'avance.

Au contraire, dans la manière de faire de Fresnel, comme

$$-\frac{b}{2}\sin 2\varpi\,\frac{t}{T} = \frac{b}{2}\sin 2\varpi\,\frac{t-\dfrac{T}{2}}{T},$$

on admet donc qu'à un moment donné t, le point m est à la fois sollicité par un mouvement oscillatoire $\dfrac{b}{2}\sin 2\varpi\,\dfrac{t}{T}$ et par le même mouvement produit à une *période antérieure à t de* $\dfrac{T}{2}$.

Au point de vue purement analytique, ceci revient à dire que les mouvements se détruisent et par suite qu'on pouvait faire cette hypothèse sans modifier l'équilibre du point m; mais en ce qui concerne la réalité des faits, cette manière de faire était inadmissible.

La théorie du carbone asymétrique qui prévoit deux tétraèdres nous le prouvant comme nous l'avons vu dans l'introduction. On ne pouvait admettre l'existence d'un mouvement *antérieur* de $\frac{T}{2}$ à l'époque t où le rayon pénètre dans le cristal. Ce mouvement antérieur qui semble là en réserve pour permettre d'introduire le mouvement oscillatoire $\frac{b}{2}$ sin $2\,\varpi\,\frac{t}{T}$ sans changer l'équilibre du point m est purement et simplement inadmissible, et montre une fois de plus l'erreur que l'on commet en croyant qu'il suffit de satisfaire à des conditions analytiques pour répondre à la réalité des faits. Nous venons de voir du reste que la conséquence de cette manière de faire conduisait pour chaque cercle décrit à

$$\frac{d^2 s}{dt^2} = 0,$$

ce qui était faux *a priori*, un mouvement circulaire décrit dans un milieu cristallin satisfaisant à une relation de la forme

$$\frac{d^2 s}{dt^2} = -\frac{4\,\varpi^2}{T^2}\,s, \quad \text{quand le rayon incident satisfait à} \quad \frac{d^2 y}{dt^2} = -\frac{4\,\varpi^2}{T^2}\,y.$$

Fresnel avait évidemment imaginé l'existence des composantes, ξ', ξ'' à l'exemple de ce que l'on a, lorsqu'on fait tomber de la lumière polarisée rectilignement à 45° de l'axe sur une lame 1/4 d'onde. Dans ces conditions le mouvement vibratoire OA (*fig.* 25) a effectivement engendré, comme s'il existait deux forces élastiques, deux mouvements vibratoires x', y ayant une différence de phase égale à $\frac{\varpi}{2}$, et par suite on a transformé à la sortie de la lame dans le vide un mouvement vibratoire rectiligne OA en un mouvement circulaire continu.

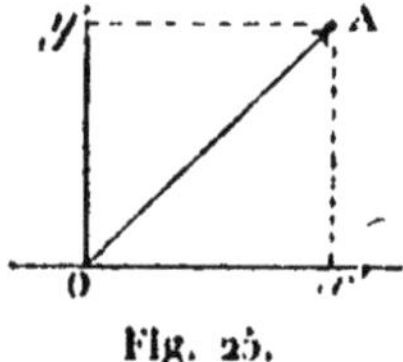

Fig. 25.

Ici au contraire ce n'est plus du tout la même chose. Nous avons le droit d'introduire deux forces égales et contraires $+$ F, $-$ F, comme on le fait en Mécanique, et ces forces ne seront pas imaginaires, car elles répondront à l'attraction qu'exerce la matière pondérable du cristal sur la molécule d'éther en vibration. Ce sont ces forces, qu'il faut admettre nécessaire-

ment, qui feront *parcourir une autre courbe aux molécules vibrantes*
η', η'', qui sans ces forces décriraient des lignes droites. Elles ne sauraient
être confondues avec des forces élastiques. L'erreur de Fresnel est d'avoir
fait cette confusion. Elle l'a conduit à admettre que chaque rayon circulaire décrivait un cercle complet, à l'entrée alors que ce sera un arc de
cercle.

Elle l'a amené à méconnaître le mouvement *oscillatoire* des rayons
circulaires dans les cristaux qui possèdent le pouvoir rotatoire alors que ce
mouvement résulte de ce fait que dans notre théorie les forces d'attraction
$+ F$, $- F$ agissent comme la pesanteur sur le pendule.

Que les rayons circulaires cessent d'être oscillatoires au sortir du cristal
et que rien ne les différencie alors des rayons circulaires des lames $1/4$
d'onde, il n'y a rien que d'analogue au mouvement pendulaire qui deviendrait continu si la pesanteur était brusquement supprimée quand le pendule arrive au bas de sa course, mais dans le cristal possédant le pouvoir
rotatoire les mouvements circulaires sont essentiellement oscillatoires;
c'est là *un fait qui a été méconnu par tous les auteurs*, et les a conduits à
établir des mouvements circulaires continus dans un milieu élastique conduisant à une formule en contradiction avec les notions les mieux établies
de l'élasticité.

L'influence de la démonstration élémentaire de Fresnel fut telle que
Mac-Cullagh partit des équations

$$\frac{d^2\xi}{dt^2} = b^2 \frac{d^2\xi}{dz^2} + c \frac{d^3\eta}{dz^3},$$

$$\frac{d^2\eta}{dt^2} = b^2 \frac{d\eta^2}{dz^2} - c \frac{d^3\xi}{dz^3},$$

et admit *a priori* que les intégrales étaient nécessairement de la forme
(Verdet, Leçons d'Optique physique, t. II, p. 315)

$$\xi = \alpha \sin (kz - mt + \varphi),$$

$$\eta = \beta \sin (kz - mt + \varphi),$$

ce qui le conduisit de suite aux deux cercles, quand le rayon incident est
parallèle à l'axe :

$$\xi = \alpha \sin (kz - mt),$$

$$\eta = \pm \alpha \cos (kz - mt),$$

Or pour chacun l'on a

$$\frac{d\xi}{dt} = -\, am \cos (kz - mt) \qquad\qquad \frac{d\eta}{dt} = +\, am \sin (kz - mt),$$

d'où

$$\left(\frac{d\xi}{dt}\right)^2 + \left(\frac{d\eta}{dt}\right)^2 = \alpha^2 m^2,$$

et comme

$$(d\xi)^2 + (d\eta)^2 = (ds)^2,$$

on en concluait que

$$\left(\frac{ds}{dt}\right)^2 = \alpha^2 m^2,$$

c'est-à-dire que le mouvement sur les cercles était uniforme, savoir

$$\frac{d^2s}{dt^2} = 0,$$

Mais il y a plus, du moment que l'on admettait comme les auteurs que le mouvement était hélicoïdal, et que l'on eût pour représenter une des hélices décrites dont h est le pas :

$$\xi = R \sin \frac{s}{R}, \qquad \eta = R \cos \frac{s}{R}, \qquad z = \frac{h}{2\varpi}\,\frac{s}{R}, \quad .$$

il est facile de prouver que les équations de Mac-Cullagh ne pouvaient représenter qu'un mouvement uniforme suivant la verticale, savoir $\frac{dz}{dt} =$ const., et par suite uniforme pour les cercles décrits.

On a

$$d\xi^2 + d\eta^2 = ds^2, \qquad \frac{d\xi}{ds} = \frac{\eta}{R}, \qquad \frac{d\eta}{ds} = -\,\frac{\xi}{R},$$

d'où

$$\frac{\eta}{R}\frac{d^2\xi}{dt^2} - \frac{\xi}{R}\frac{d^2\eta}{dt^2} = \frac{d^2s}{dt^2};$$

Si l'on multiplie les équations de Mac-Cullagh par $\frac{\eta}{R}$ et $-\frac{\xi}{R}$ et qu'on les ajoute on aura

$$R \frac{d^2s}{dt^2} = b^2\eta\,\frac{d^2\xi}{dz^2} + c\eta\,\frac{d^3\eta}{dz^3} - b^2\xi\,\frac{d^2\eta}{dz^2} + c\xi\,\frac{d^3\xi}{dz^3}.$$

Or

$$\frac{d^2\xi}{dz^2} = -\frac{4\varpi^2}{h^2} \cdot \xi, \qquad\qquad \frac{d^2\eta_{\iota}}{dt^2} = -\frac{4\varpi^2}{h^2} \cdot \eta_{\iota},$$

$$\frac{d^3\xi}{dz^3} = -\frac{8\varpi^3}{h^3} \cdot \eta_{\iota}, \qquad\qquad \frac{d^3\eta_{\iota}}{dz^3} = \frac{8\varpi^3}{h^3} \cdot \xi.$$

On en déduit

$$\eta_{\iota}\frac{d^2\xi}{dz^2} - \xi\frac{d^2\eta_{\iota}}{dz^2} = 0, \qquad\qquad \eta\frac{d^3\eta_{\iota}}{dz^3} + \xi\frac{d^3\xi}{dz^2} = 0,$$

d'où

$$\frac{d^2s}{dt^2} = 0 \qquad\qquad \text{et} \qquad\qquad \frac{d^2z}{dt^2} = 0.$$

Donc les formules de Mac-Cullagh, sous leur apparence très compliquée, rentraient purement et simplement dans les hypothèses de Fresnel.

On ne pouvait donc espérer voir ces équations de Mac-Cullagh survivre aux hypothèses de Fresnel, et en tirer autre chose en admettant par exemple que les intégrales admises fussent autres.

Il est certain du reste que Mac-Cullagh avait choisi ses équations différentielles de manière à retrouver ce que Fresnel avait admis, l'uniformité et la continuité du mouvement sur ses cercles et suivant la verticale. L'essai de la théorie de Mac-Cullagh vaut donc celle de Fresnel.

Quant à l'argument que l'on voudrait invoquer que dans la théorie de Mac-Cullagh on arrive à l'expression suivante de la rotation :

$$R = \frac{K}{\lambda^2},$$

il suffit d'examiner de près la discussion invoquée pour se convaincre qu'il est sans valeur aucune et que jamais elle n'a permis de retrouver cette expression de la rotation.

Si l'on se reporte à la théorie générale de la dispersion telle que Cauchy l'a donnée en supposant que l'on est dans un *seul milieu* (l'éther fictif) on a les équations différentielles pour un mouvement dans un plan perpendiculaire à la direction de propagation z :

$$\frac{d^2\xi}{dt^2} = A\frac{d^2\xi}{dz^2} + B\frac{d^3\xi}{dz^3} + C\frac{d^4\xi}{dz^4} + \ldots\ldots$$

$$\frac{d^2\eta_{\iota}}{dt^2} = A\frac{d^2\eta_{\iota}}{dz^2} + B\frac{d^3\eta_{\iota}}{dz^3} + C\frac{d^4\eta_{\iota}}{dz^4} + \ldots\ldots$$

c'est en spécifiant que le cristal n'est pas hémiédrique que l'on fait disparaître les termes $\dfrac{d^3\xi}{dz^3},\dots$ à une puissance impaire. En supposant que les intégrales de ces équations soient représentées par les relations

$$(a) \qquad \begin{cases} \xi = a \sin (kz - mt) \\ \eta = b \sin (kz - mt) \end{cases}$$

on obtient entre m et k la relation

$$(1) \qquad m^2 = Ak^2 + Ck^4 + \dots\dots$$

si l'on a supposé le milieu isotrope, soit $B = o$, $D = o$.

On aurait eu au contraire en supposant le milieu hémiédrique

$$(2) \qquad m^2 = Ak^2 + Bk^3 + Ck^4 + \dots\dots$$

Si l'on remarque que $k = \dfrac{2\varpi}{l}$, $m = \dfrac{2\varpi}{T}$, il vient

$$(1^{\text{bis}}) \qquad v^2 = A' + \dfrac{C'}{l^2} + \dfrac{E'}{l^4} + \dots\dots$$

pour l'expression de la vitesse dans un milieu isotrope, et

$$(2^{\text{bis}}) \qquad v^2 = A' + \dfrac{B'}{l} + \dfrac{C'}{l^2} + \dfrac{D'}{l^3} + \dots\dots$$

pour celle dans un milieu hémiédrique. Mais il s'agit de rayons polarisés rectilignement.

Lorsque, comme Mac-Cullagh, on écrit arbitrairement

$$(b) \qquad \begin{cases} \dfrac{d^2\xi}{dt^2} = b^2 \dfrac{d^2\xi}{dz^2} + c \dfrac{d^3\eta}{dz^3} \\ \dfrac{d^2\eta}{dt^2} = b^2 \dfrac{d^2\eta}{dz^2} - c \dfrac{d^3\xi}{dz^3} \end{cases}$$

en admettant pour intégrales de ces équations

$$\xi = a \sin (kz - mt)$$
$$\eta = \pm a \cos (kz - mt),$$

on obtient (Verdet, *Leçons d'Optique*, t. II, p. 310),

$$m^2 = b^2 k^2 \mp ck^3,$$

d'où l'on tire pour les deux valeurs numériques des deux? rayons dont l_2, l_1 sont les longueurs d'onde

$$v''^2 = b^2 - \frac{2\,\varpi c}{l_2}, \qquad\qquad v'^2 = b^2 + 2\,\frac{\varpi c}{l_1}.$$

On voit que rien ne différencie ces vitesses de celles de rayons polarisés *rectilignement* dans un milieu hémiédrique et que nous avons rappelées plus haut. On ne peut donc conclure comme les auteurs que les vitesses ainsi calculées soient celles de deux? rayons polarisés circulairement plutôt que celles de *quatre* rayons polarisés rectilignement et satisfaisant aux équations de condition arbitrairement posées par Mac-Cullagh. Nous avons mis un point d'interrogation devant le chiffre *deux* pour appeler l'attention une fois de plus sur la façon dont les auteurs *torturaient* à leur fantaisie les formules. Comme ils étaient persuadés qu'ils étaient en présence de *deux* rayons circulaires, ayant

$$m^2 = b^2 k^2 \mp ck^3,$$

ils ne tenaient compte que du signe $\mp$ devant ck^3 devant donner ces deux vitesses. Mais l'analyse conformément à notre critique répondait qu'il y avait *quatre* rayons, car on a

$$m = \pm \sqrt{b^2 k^2 \mp ck^3},$$

seulement ces quatre rayons étaient polarisés *rectilignement*.

De sorte que leur propre analyse, quand on la discutait comme on doit le faire répondait que les équations telles que Fresnel ou Mac-Cullagh les avaient posées, conduisaient à *quatre* rayons polarisés *rectilignement* ayant deux valeurs numériques $b^2 k^2 - ck^3$, $b^2 k^2 + ck^3$.

Mais montrons qu'avec ces vitesses on ne déduisait nullement (ce qu'on n'avait pas le droit de faire) des indices n'', n' conduisant à $n'' - n' = \frac{B}{\lambda}$ comme les auteurs le prétendaient.

En posant comme ceux-ci $n'' = \frac{V}{v''}$, $n' = \frac{V}{v'}$, les valeurs ci-dessus devenaient

$$\frac{1}{n''^2} = \frac{b^2}{V^2} - \frac{2\,\varpi cn''}{V^2 \lambda}, \qquad\qquad \frac{1}{n'^2} = \frac{b^2}{V^2} + \frac{2\,\varpi cn'}{V^2 \lambda}$$

Dans la méthode suivie par les auteurs dans la dispersion ordinaire, on aurait fait $n' = n'' = o$, d'où comme première approximation $n' = n'' = \dfrac{V}{b}$ et c'est cette valeur que l'on substituait dans les seconds membres donnant ainsi

$$\frac{1}{n''^2} = \frac{b^2}{V^2} - \frac{2\,\varpi c}{Vb}\,\frac{1}{\lambda}, \qquad\qquad \frac{1}{n'^2} = \frac{b^2}{V^2} + \frac{2\,\varpi c}{Vb}\,\frac{1}{\lambda},$$

d'où l'on concluait c étant très petit que l'on avait bien

$$n'' = A + \frac{B}{\lambda}, \qquad\qquad n' = A - \frac{B}{\lambda};$$

malheureusement pour cette théorie nous faisons ici la même remarque que dans la dispersion ordinaire ; l'indice étant plus grand que l'unité et non égal à zéro, la *première et seule approximation permise* sera de supposer $n'' = n' = n$ dans les seconds membres et non zéro, d'où

$$\frac{1}{n''^2} = \frac{b^2}{V^2} - \frac{2\,\varpi c}{V}\,\frac{1}{\sqrt{b^2\lambda^2 - 2\,\varpi cn\lambda}},$$

$$\frac{1}{n'^2} = \frac{b^2}{V^2} + \frac{2\,\varpi c}{V}\,\frac{1}{\sqrt{b^2\lambda^2 - 2\,\varpi cn\lambda}}.$$

Ainsi la véritable expression des indices à laquelle conduit la théorie de Mac-Cullagh est

$$n'' = A + \frac{B}{\sqrt{b^2\lambda^2 - 2\,\varpi cn\lambda}}, \qquad\qquad n' = A - \frac{B}{\sqrt{b^2\lambda^2 - 2\,\varpi cn\lambda}},$$

on voit donc que

$$n'' - n' = \frac{2B}{\sqrt{b^2\lambda^2 - 2\,\varpi cn\lambda}},$$

et que l'on ne retrouve la relation à laquelle on croyait être arrivé

$$n'' - n' = \frac{B'}{\lambda},$$

qu'à la condition de supposer $n = o$ ou $c = o$; or supposer $c = o$ ou très petit, c'est supprimer la polarisation rotatoire ou la considérer comme négligeable, et $n = o$ c'est inadmissible.

Donc lorsque comme dans Verdet, p. 313 on écrit que l'on arrive à la rotation en fonction de l'inverse du carré de la longueur d'onde on commet un véritable subterfuge analogue à celui que nous avons signalé et qui consistait à supposer $n'' = n' = o$ comme première approximation dans les seconds membres. La seule première approximation que l'on fût auto-

risé à admettre pour les seconds membres c'était de supposer que l'on eût
$n'' = n' = n$; c'est ce que nous avons fait et nous venons de voir quelle
valeur l'on obtenait pour $n'' - n'$. La théorie de Mac-Cullagh quand on
substituait les indices aux vitesses conduisait comme celle de Fresnel à
l'expression suivante de la rotation

$$R = \varpi z \, \frac{n'' - n'}{\lambda},$$

et les équations de condition de Mac-Cullagh donnant pour $n'' - n'$ ce que
nous venons de voir, il était donc inexact de dire qu'elles avaient permis
de retrouver l'expression de la rotation. Elles ne donnaient nullement les
véritables vitesses des deux rayons circulaires qui conduisent à

$$n'' - n' = \frac{B'}{\lambda}.$$

De plus, comme nous l'avons expliqué, on n'avait même pas le droit de
substituer les indices aux vitesses, puisque ces équations différentielles
n'avaient été établies, comme Cauchy l'avait expressément indiqué, pour
les siennes, que dans un seul milieu. La polarisation rotatoire étant un véritable phénomène de réfraction, même sous l'incidence normale, la considération de *deux milieux* était une notion fondamentale. Ayant démontré l'impuissance de la théorie de Mac-Cullagh dans le cas le plus simple, il
est évident qu'on ne pouvait l'invoquer sous l'incidence oblique pour justifier
la théorie d'Airy. En concluant autrefois à la tétraréfringence du quartz
dans le voisinage de l'axe nous avions mis cette théorie en défaut. On voit
qu'elle ne pouvait même plus s'appuyer sur l'ancienne théorie de Mac-
Cullagh, montrée en défaut dans un des cas les plus simples.

En résumé la théorie de Mac-Cullagh consistait à admettre l'existence de
rayons polarisés rectilignement dans deux plans perpendiculaires ; chacun
de ceux-ci obéissant à la formule de l'élasticité $\frac{d^2 t}{dt^2} = Ft$, $F = -\frac{4\varpi^2}{l^2} v^2$,
il y avait donc une onde engendrée correspondant à un mouvement oscil-
latoire pendulaire.

En spécifiant que ces rayons polarisés rectilignement et qui comme tels
étaient représentés par les formules

$$\xi = \alpha \sin (k z - mt), \qquad \eta = \beta \sin (k' z - mt)$$

dussent satisfaire aux équations différentielles

$$\frac{d^2 \xi}{dt^2} = A \frac{d^2 \xi}{dz^2} + c \frac{d^3 \eta}{dz^3},$$

$$\frac{d^2 \eta}{dt^2} = A \frac{d^2 \eta}{dz^2} - c \frac{d^3 \xi}{dz^3},$$

Mac-Cullagh assujettissait ces rayons polarisés *rectilignement* :

1° à présenter deux vitesses de propagation dans un même plan ;

2° à avoir dans deux plans perpendiculaires une différence de phase égale à $\frac{\varpi}{2}$.

De sorte que les coordonnées pouvaient être considérées comme appartenant à chaque instant aux équations de deux cercles.

Mais on ne pouvait nullement en conclure que l'on fut en présence de deux ondes consécutives à deux *mouvements polarisés circulairement* produits à l'entrée.

En effet les deux cercles de s et s' de Mac-Cullagh comme ceux de Fresnel satisfaisaient à la relation fondamentale

$$\frac{d^2 s}{dt^2} = 0.$$

Or à un tel mouvement *ne correspond aucune onde*, puisque la force élastique F est nulle d'après cette équation, et que la vitesse de propagation d'une onde est liée à la force élastique par la relation

$$F = -\frac{4\varpi^2}{t^2} v^2.$$

Si

$$F = 0, \qquad v = 0.$$

Ce n'est qu'à un mouvement polarisé *circulairement* représenté par

$$\frac{d^2 s}{dt^2} = Fs,$$

que pouvait correspondre une *onde circulaire*.

Nous avons donc conclu de cette critique du mémoire de Mac-Cullagh :

1° Qu'il n'existait de mouvement de propagation d'ondes circulaires, que si les mouvements circulaires étaient *oscillatoires* ;

2° Que les intégrales arbitraires des équations différentielles de Mac-Cullagh n'étaient en réalité que les équations de deux paires de rayons polarisés *rectilignement*, présentant une différence de phase, animés chacun séparément d'un mouvement oscillatoire obéissant à la relation fondamentale de l'élasticité

$$\frac{d^2 t}{dt^2} = Ft.$$

C'est pour cela qu'à chacun de ces mouvements répondait une vitesse de propagation ;

3° Que les équations différentielles de Mac-Cullagh ont purement et simplement assujeti les deux rayons polarisés *rectilignement*

$$\xi = a \sin (kz - mt), \qquad \eta = a \cos (kz - mt),$$

à se propager avec une même vitesse, puis les deux rayons

$$\xi = a \sin (k'z - mt), \qquad \eta = - a \cos (k'z - mt)$$

à se propager avec une autre vitesse ;

4° Mais que l'on ne peut assimiler ces deux vitesses à celles de deux ondes *provenant* de mouvements antérieurs polarisé circulairement, attendu que l'on a

$$\frac{d^2 s}{dt^2} = 0,$$

et que la théorie générale de l'élasticité ne prévoit la propagation d'une onde que *consécutivement* à la relation

$$\frac{d^2 s}{dt^2} = Fs.$$

5° Que les théories de Fresnel et de Mac-Cullagh péchaient par la base ;

1° en supposant que leurs équations représentaient deux mouvements circulaires *consécutivement* auxquels deux ondes auraient été engendrées ;

2° alors que leurs équations représentaient des mouvements polarisés *rectilignement* dans des plans perpendiculaires, engendrant des ondes, et *consécutivement à celles-ci* alors seulement deux cercles étaient décrits.

Les auteurs avaient donc pris l'effet pour la cause.

Avant d'arriver à notre théorie nous pouvons dire quelques mots de la lumière circulaire. Ayant prouvé que dans un milieu cristallin il n'existe pas d'onde polarisée circulairement correspondant à

$$\frac{d^2 s}{dt^2} = 0,$$

il s'agit d'expliquer la formation de la lumière circulaire dans les lames 1/4 d'onde.

La lame 1/4 d'onde est comme on sait un cristal biréfringent dans lequel les vibrations parallèles à ξ et à η engendrent des ondes se propageant suivant z avec des vitesses b et a.

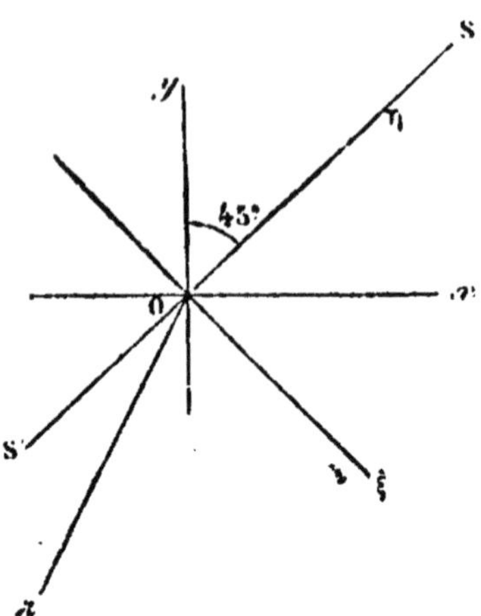

Fig. 26.

Suivant ξ on aura

$$\frac{d^2\xi}{dt^2} = b^2\,\frac{d^2\xi}{dz^2} + \mathrm{B}\,\frac{d^4\xi}{dz^4} + \cdots$$

suivant η

$$\frac{d^2\eta}{dt^2} = a^2\,\frac{d^2\eta}{dz^2} + \mathrm{A}\,\frac{d^4\eta}{dz^4} + \cdots$$

Le premier est satisfait par

$$\xi = \alpha\,\sin\,(hz - mt),$$

le second

$$\eta = \alpha'\,\sin\,(k'z - mt);$$

d'un autre côté ayant

$$y = \alpha_1\,\sin\,mt,$$

on devrait avoir pour $z = o$

$$\xi = -\,\frac{\alpha_1}{\sqrt{2}}\,\sin\,mt, \qquad\qquad \eta = \frac{\alpha_1}{\sqrt{2}}\,\sin\,mt,$$

d'où

$$\xi = \frac{\alpha_1}{\sqrt{2}} \sin(kz - mt), \qquad \eta = -\frac{\alpha_1}{\sqrt{2}} \sin(k'z - mt),$$

et encore

$$\xi = \frac{\alpha_1}{\sqrt{2}} \sin\big[(k - k')z - m't\big], \qquad \eta = \frac{\alpha_1}{\sqrt{2}} \sin m't,$$

comme on peut poser

$$(k - k')z = 2\varpi \frac{O - E}{\lambda}.$$

Sachant que $k = \frac{2\varpi}{l_1}$, $k' = \frac{2\varpi}{l_2}$, O, E étant les épaisseurs évaluées en air. En faisant $O - E = \frac{\lambda}{4}$ il vient $2\varpi \frac{O - E}{\lambda} = \frac{\varpi}{2}$. Donc ceci revenait à poser

$$(k - k_1)z = \frac{\varpi}{2} = \left(\frac{1}{l_1} - \frac{1}{l_2}\right)z = \frac{O - E}{\lambda} = \frac{\varpi}{2}, \quad \text{quand } O - E = \frac{\lambda}{4},$$

d'où

$$\xi = \frac{\alpha_1}{\sqrt{2}} \cos m't,$$

$$\eta = \frac{\alpha_1}{\sqrt{2}} \sin m't.$$

On voit que ce n'est qu'à la sortie pour une épaisseur $z = \frac{\varpi}{2}\frac{1}{k - k'}$ et dans un *autre milieu* qui sera le vide, c'est-à-dire susceptible d'une *seule vitesse* de propagation que ceci peut avoir lieu. Les coordonnés ξ, η satisfont aux conditions d'un cercle $\xi^2 + \eta^2 = \frac{\alpha_1^2}{2}$ et l'on a

$$\frac{d^2s}{dt^2} = 0.$$

Or non seulement ce fait n'est pas en contradiction avec ce que nous avons établi, mais le confirme.

On voit en effet que précisément c'est dans un milieu biréfringent que deux mouvements polarisés *rectilignement* ont été engendrés,et qu'à la sortie dans le vide nous sommes en présence de *deux* rayons *polarisés rectilignement* satisfaisant chacun à la formule fondamentale de l'élasticité $\frac{d^2\xi}{dt^2} = F\xi$, $\frac{d^2\eta}{dt^2} = F\eta$, se propageant avec la même vitesse, par conséquent ayant engendré *deux ondes* qui restent superposées. Donc nous ne sommes pas en présence d'*une* onde *résultant* effectivement d'un mouvement *circulaire*, mais de deux ondes susceptibles d'engendrer un mouvement circulaire, et c'est précisément parce que nous sommes en présence de deux rayons polarisés rectilignement que nous appliquons à chacun les propriétés connues en écrivant qu'à une certaine distance z de la sortie nous avons

$$\xi = \frac{\alpha_1}{\sqrt{2}} \cos (m't - kz).$$

$$\eta = \frac{\alpha_1}{\sqrt{2}} \sin (m't - kz).$$

La formation de la lumière polarisée circulairement à l'aide des lames $1/4$ d'onde n'est donc nullement en contradiction avec ce que nous avons soutenu, à savoir que les auteurs dans la polarisation rotatoire s'étaient trouvés en présence de mouvements *vibratoires rectilignes* engendrant des ondes susceptibles de donner à distance des mouvements circulaires, par leur combinaison, tandis que nous donnions à l'*origine* des mouvements vibratoires *circulaires* qui engendraient des ondes susceptibles de propager ces mouvements vibratoires circulaires. Dans la théorie actuelle le mouvement circulaire ne peut se propager $\frac{d^2s}{dt^2} = o$ d'où $v = o$ et *cesserait d'être observé* si pour une raison quelconque la phase d'*un* des rayons polarisés rectilignement venait à changer sur le trajet parcouru.

Dans notre théorie le mouvement circulaire. se propage $\frac{d^2s}{dt^2} = Fs$, $v^2 = -\frac{F}{4\varpi^2} l^2$, et si sur un point quelconque du trajet la phase vient à à changer, comme on a

$$s = \alpha \cos 2\varpi \left(\frac{t}{T} - \frac{z}{l} \right),$$

c'est toujours un mouvement circulaire que l'on observera.

La grosse erreur de la théorie actuelle de la polarisation rotatoire est que les cercles que l'on supposait décrits répondent à la formule

$$\frac{d^2s}{dt^2} = o,$$

et que les principes de l'élasticité nous enseignent qu'il n'y a pas d'ondes CONSÉCUTIVES à un tel mouvement circulaire. Arrivons à notre théorie.

SECONDE PARTIE

Les notions nouvelles auxquelles nous sommes arrivé dans la première partie de ce mémoire sont les suivantes.

La transformation de la lumière polarisée rectilignement dans le vide (λ, T) en lumière circulaire s'est accompagnée dans un milieu possédant le pouvoir rotatoire d'un changement de timbre $(l^{(m)}, \tau)$ sachant que si $\frac{\lambda}{l_1} = n'$, $\frac{\lambda}{l_2} = n''$ on aura $l_1^{(m)} = \frac{l_1}{m}$, $l_2^{(m)} = \frac{l_2}{m}$, $\tau = \frac{T}{m}$, et non d'un simple changement de longueurs d'onde l_1, l_2 du même ordre de grandeur que λ, T restant invariable.

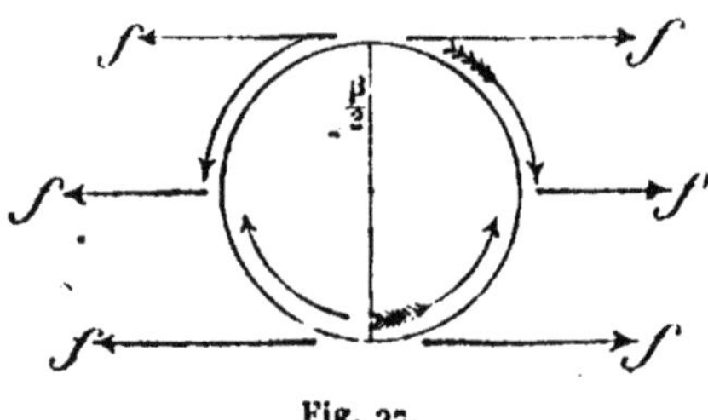

Fig. 27.

La rotation du plan primitif de polarisation n'ayant jamais été examinée dans la propre théorie des auteurs qu'à des époques $t = $ MT, M étant un entier, c'est à *ces époques* MT *seulement* que les équations de condition de l'entrée auraient à être vérifiées. Nous les vérifions à des époques bien plus rapprochées $t = M\frac{T}{m} = M\tau$. Les mouvements *circulaires oscillatoires* satisfaisant à ces époques $M\tau$ aux équations de l'entrée et étant les seuls qui peuvent *donner naissance* à des ondes, sont les seuls possibles.

Nous commencerons par étudier la substitution de deux rayons circulaires *oscillatoires* à un rayon polarisé rectilignement dans un milieu non hémiédrique puis nous passerons à un milieu hémiédrique.

Ayant

$$(1) \qquad y = \alpha \cos 2 \varpi \frac{t}{T},$$

nous commençons par remplacer ce rayon par deux circulaires oscillatoires droit et gauche exécutant $m (\varpi + \varpi)$ dans le temps T soit 2ϖ dans le temps $\tau = \dfrac{T}{m}$.

Les équations de deux cercles décrits d'un mouvement oscillatoire pendulaire seraient donc

$$(2) \qquad \begin{cases} y' = \dfrac{\beta}{2} \sin u, & y'' = \dfrac{\beta}{2} \sin u \\[2mm] x' = \dfrac{\beta}{2} \cos u, & x'' = -\dfrac{\beta}{2} \cos u \end{cases}$$

ayant

$$u = \frac{\varpi}{2} \cos 2 \varpi \frac{t}{\tau}.$$

L'équation de condition est que dans le temps T le même chemin total soit parcouru par un circulaire droit et gauche avec les amplitudes $\dfrac{\beta}{2}$ qu'avec les amplitudes $\dfrac{\alpha}{2}$ des circulaires de Fresnel qui auraient satisfait à chaque instant aux équations de condition de l'entrée

$$2 \varpi \frac{\alpha}{2} = 2 m \varpi \frac{\beta}{2}, \qquad \text{d'où} \qquad \beta = \frac{\alpha}{m},$$

m étant le même pour toutes les lumières.

Ainsi à l'entrée, puisqu'il devait y avoir changement de timbre $\tau = \dfrac{T}{m}$, on pouvait commencer par substituer à $y = \alpha \cos 2 \varpi \frac{t}{\tau}$, le mouvement rectiligne

$$(1^{bis}) \qquad y = \frac{\alpha}{m} \cos 2 \varpi \frac{t}{\tau},$$

et faire la substitution des circulaires à un rayon polarisé rectilignement.

On obtient ainsi

$$y' + y'' = \frac{\alpha}{m} \sin \left(\frac{\varpi}{2} \cos 2 \varpi \frac{t}{\tau} \right);$$

et les relations

$$y = y' + y'' \qquad 0 = x' + x''$$

sont satisfaites aux époques

$$t = 0, \frac{\tau}{4}, \frac{\tau}{2}, 3 \frac{\tau}{4}, \tau, \ldots$$

Or, comme $\tau = \dfrac{T}{m}$, m étant un grand nombre, on voit que les limites sont extrêmement rapprochées, et qu'alors que dans l'ancienne théorie, on n'étudiait les rotations du plan primitif de polarisation qu'à des époques $t = MT$, nous pourrons les obtenir après des épaisseurs infiniment plus petites, savoir $z = l^{(m)} = \dfrac{l}{m}$, alors qu'autrefois on ne les considérait qu'après des épaisseurs minima $z = l$ correspondant à $t = T$ ou à des multiples entiers.

On n'a pu interpréter la transformation des relations (1bis) en (2) qu'en admettant que des forces $+ F$, $- F$ d'attraction agiraient dans le nouveau milieu à la manière de la pesanteur sur le pendule et incurvaient le mouvement rectiligne.

Si l'on discute la formule $u = \dfrac{\varpi}{2} \cos 2\varpi \dfrac{l}{\tau}$, on voit que pour $l = 0$, $u = \dfrac{\varpi}{2}$; $l = \dfrac{\tau}{2}$, $u = - \dfrac{\varpi}{2} \dots$, etc., Ainsi le mouvement est pendulaire, et l'on a, comme dans tout mouvement oscillatoire sachant que $u = \dfrac{s}{R}$.

$$\frac{d^2 s}{dt^2} = \varphi \cdot s,$$

et les relations qui lient φ à la durée τ d'une oscillation puis à la vitesse de propagation d'une onde *circulaire* sont toujours

$$(3) \qquad \varphi = - \frac{4 \varpi^2}{\tau^2} = - \frac{4 \varpi^2}{l^2} v_l^2.$$

v_l étant la vitesse d'élasticité.

Si le milieu est non hémiédrique, les deux vitesses de propagation des deux ondes circulaires sont égales. Mais on voit qu'il n'y *a propagation d'une onde* que parce qu'il *y avait une force* φ. Et que si l'on avait eu $\varphi = 0$, on aurait eu $v_l = 0$.

Reste à déterminer la valeur de φ. La théorie du carbone asymétrique nous montre qu'il faut concevoir deux tétraèdres symétriques dans les composés chimiques qui possèdent le pouvoir rotatoire. Si donc un rayon polarisé rectilignement donne de la lumière circulaire en pénétrant dans un tel corps, il est bien clair que c'est l'attraction d'un des tétraèdres qui intervient pour amener une molécule lumineuse à tracer le chemin ACB au lieu du chemin AB (*fig.* 28). En nommant g cette attraction, on aurait si cette force était seule

$$\frac{d^2 x}{dt^2} = g$$

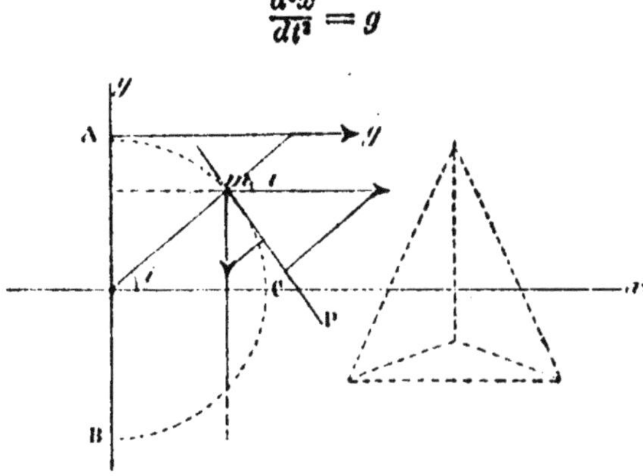

Fig. 28.

Mais en un point quelconque de sa course, par exemple en m, la molécule m si l'attraction due au tétraèdre venait à disparaître, étant toujours dans un milieu élastique serait sollicitée par une force Fy' et donnerait en m

$$\frac{d^2 y'}{dt^2} = Fy',$$

force élastique qui sera maxima en A et égale à $F\delta$, δ étant l'élongation maxima et nulle sur l'axe des x, quand la molécule repasse par une droite où elle est naturellement au repos.

Les composantes de ces deux forces, suivant mP seront donc

$$g \sin i + Fy' \cos i.$$

Par suite le mouvement du point m sur le cercle décrit sera

$$\frac{d^2 s}{dt^2} = g \sin \frac{s}{\delta} + Fy' \cos \frac{s}{\delta},$$

on aura donc

$$(4) \qquad \varphi . s = g \sin \frac{s}{\delta} + Fy' \cos \frac{s}{\delta}.$$

La force qui maintient la molécule à une distance invariable δ du centre, serait constante et égale à Fδ si g n'existait pas, c'est-à-dire que dans tous les azimuts on aurait Fδ pour cette force, puisque dans tous les azimuts on aurait

$$\frac{d^2\rho}{dt^2} = F.\rho ;$$

au contraire cette force variera de Fδ à Fδ + g quand il y aura à tenir compte d'une force étrangère à l'élasticité.

Milieu hémiédrique

Dans un milieu hémiédrique, les vitesses des deux rayons circulaires deviennent inégales $v_g < v_d$ et les longueurs d'ondes inégales : l_1, l_2.

Jusqu'ici les auteurs avaient supposé que les longueurs d'onde étaient liées aux vitesses par les formules habituelles

$$(5) \qquad l_1 = v_d \tau, \qquad l_2 = v_g \tau ;$$

dans notre théorie nouvelle de la dispersion nous avons montré que ces relations, exactes quand la lumière se propageait dans le milieu même où l'origine du mouvement avait eu lieu, étaient inexactes à l'entrée des milieux réfringents qui forment un second milieu différent de celui dans lequel le mouvement a pris naissance et que l'on a pour la formule d'une longueur d'onde

$$l_1 = v \left(1 \pm \frac{0}{T} \right) T,$$

et qu'on ne retrouve $l = vT$ qu'au sortir de la zône d'attraction newtonienne.

Il s'agit de savoir si le même fait s'observe ici. Si les relations (5) des auteurs étaient exactes, on en conclurait, comme nous l'avons déjà vu que, ayant avec les auteurs

$$v_d = v \left(1 + \frac{\delta}{2} \right), \qquad l_1 = l \left(1 + \frac{\delta}{2} \right)$$

$$v_g = v \left(1 - \frac{\delta}{2} \right), \qquad l_2 = l \left(1 - \frac{\delta}{2} \right),$$

il viendrait

$$(6) \qquad \frac{v_d}{l_1} = \frac{v_g}{l_2} = \frac{v}{l} ;$$

par suite en appliquant la formule (3) on aurait

$$\varphi = - \frac{4\,\varpi^2}{l_1^2} v_d^2 = - \frac{4\,\varpi^2}{l_2^2} v_g^2 = - \frac{4\,\varpi^2}{l^2} v^2 ;$$

il en résulterait par conséquent que les circulaires droit et gauche seraient représentés par la même formule

$$(7) \qquad \frac{d^2 s}{dt^2} = \varphi \cdot s,$$

par un cristal *non hémiédrique* et dont les intégrales ne différeraient que par l'amplitude pour les circulaires droit et gauche dans un cristal hémiédrique. En effet, l'amplitude était la même et égale à $\frac{\varpi}{2}$ dans un milieu non hémiédrique ; si l'on admettait comme les auteurs que par suite de l'inégalité de propagation des vitesses, l'arc $\varpi + \omega^{(m)}$ du circulaire droit ait été décrit dans le même temps $\frac{\varpi}{2}$ que l'arc $\varpi - \omega^{(m)}$ du circulaire gauche, on aurait dans un milieu hémiédrique pour l'expression des deux mouvements oscillatoires

$$(8) \quad s' = \left(\frac{\varpi}{2} + \frac{\omega^{(m)}}{2} \right) \cos 2\,\varpi\,\frac{t}{\tau}, \qquad\qquad s'' = \left(\frac{\varpi}{2} - \frac{\omega^{(m)}}{2} \right) \cos 2\,\varpi\,\frac{t}{\tau},$$

qui, avec des vitesses v_d, v_y, satisfont aux relations (3), (6) et (7).

Afin d'aborder cette question des longueurs d'onde supposons que la rotation du plan primitif de polarisation soit *uniquement due* à l'inégalité de propagation des vitesses consécutive à l'inégalité des densités de l'éther sur les deux hélices comme les auteurs l'admettaient implicitement avec la formule de Newton.

Comme les angles $\varpi + \omega^{(m)}$ ou $\varpi - \omega^{(m)}$ diffèrent infiniment peu de ϖ puisque $\omega^{(m)}$ correspond à $\dfrac{l_1 + l_2}{4\,m}$, m étant un grand nombre et $\dfrac{l_1 + l_2}{2}$ de l'ordre de grandeur des longueurs d'onde habituelles, quelle que soit la manière dont l'oscillation se produira on doit admettre le même mouvement dans le parcours des arcs $\varpi + \omega^{(m)}$, $\varpi - \omega^{(m)}$ et ϖ, par suite la proportionnalité suivante déjà donnée par nous se vérifiera, savoir

$$\frac{\dfrac{l_1^{(m)} + l_2^{(m)}}{4}}{\varpi} = \frac{\dfrac{l_1^{(m)}}{2}}{\varpi + \omega^{(m)}} = \frac{\dfrac{l_2^{(m)}}{2}}{\varpi - \omega^{(m)}} = \frac{\dfrac{l_1^{(m)} - l_2^{(m)}}{2}}{2\,\omega^{(m)}} \,,$$

d'où

$$2\,\omega^{\prime(m)} = \varpi\,\frac{l_1^{(m)} - l_2^{(m)}}{\dfrac{l_1^{(m)} + l_2^{(m)}}{2}} = \varpi\,l^{(m)} \left(\frac{1}{l_2^{(m)}} - \frac{1}{l_1^{(m)}} \right),$$

en posant $l^{(m)} = \dfrac{l_1^{(m)} + l_2^{(m)}}{2}$ et sachant que $2\,l^{(m)}$ représente l'épaisseur traversée pour une rotation minima $2\,\omega^{(m)}$.

La formule ci-dessus représente donc celle de Fresnel. On voit que *quelle que soit la loi du mouvement*, uniforme ou variable, si l'on admet comme les auteurs que les longueurs d'onde soient liées aux vitesses par les formules

$$l_1^{(m)} = v_d\,\tau, \qquad l_2^{(m)} = v_y\,\tau,$$

sachant que v_d et v_y ne peuvent être données que par la formule de Newton

$$v_d = \sqrt{\frac{e}{d'}}, \qquad v_y = \sqrt{\frac{e}{d''}},$$

on aura

$$l_1^{(m)} = \sqrt{\frac{e}{d'}}\,\tau, \qquad l_2^{(m)} = \sqrt{\frac{e}{d''}}\,\tau,$$

où toujours $\tau = \dfrac{\mathrm{T}}{m}$,

et

$$2\,\omega_1^{(m)} = \varpi\,\frac{l'^{(m)}}{\sqrt{e}}\left(\sqrt{d'} - \sqrt{d''}\right)\frac{1}{\tau} = \varpi\,\frac{l^{(m)}}{\sqrt{e}}\,\mathrm{V}\left(\sqrt{d''} - \sqrt{d'}\right)\frac{m}{\lambda},$$

en remplaçant T par sa valeur $\dfrac{\mathrm{V}}{\lambda}$ du vide.

Ainsi en admettant que la *rotation ne fût due qu'à l'inégalité des vitesses de propagation en relation avec l'inégalité des densités de l'éther*, on *ne pouvait exprimer cette rotation qu'en fonction de la raison inverse de la* SIMPLE *longueur* d'onde du vide.

C'est ce que Fresnel avait certainement bien vu, et c'est pour cela qu'il n'avait plus parlé de la formule de Newton donnant la vitesse en fonction de l'élasticité et de la densité.

Admettons maintenant que la vitesse de propagation sur les hélices droite et gauche restât rigoureusement la même comme dans le cristal non hémiédrique primitif et égale à la vitesse moyenne $\dfrac{v_d + v_y}{2}$, c'est-à-dire que les densités de l'éther fussent les mêmes, nous dirons que l'on pourra encore avoir une rotation du plan primitif de polarisation, si l'on admet comme les chimistes l'existence d'une rotation liée à la constitution moléculaire des corps, c'est-à-dire à la présence des deux tétraèdres dans le cas du carbone asymétrique.

C'est sous l'influence de l'attraction d'un des tétraèdres que l'un des arcs $\varpi + \omega$ sera décrit dans le temps $\frac{\tau}{2}$ et l'autre $\varpi - \omega$ dans le même temps. Dans ces conditions alors que la vitesse des ondes serait égale d'après la loi de Newton les hélices sont cependant décrites avec des vitesses inégales $v'_d,\ v'_g$ parce que les deux mouvements doivent se trouver en même temps

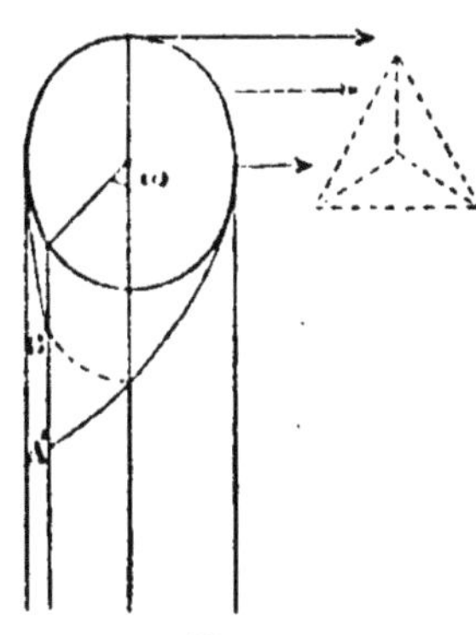

Fig. 29.

$\frac{\tau}{2}$ en A' et B' (*fig.* 29), les nouvelles longueurs d'onde seront donc représentées par les formules

$$l_1'^{(m)} = v'_d\,\tau, \qquad l_2'^{(m)} = v'_g\,\tau,$$

seulement ces vitesses seront fonctions de la rotation $\omega_2^{(m)}$ et l'on aura

$$\frac{v}{\varpi} = \frac{v'_d}{\varpi + \omega_2^{(m)}} = \frac{v'_g}{\varpi - \omega_2^{(m)}},$$

d'où

$$v'_d = v\left(1 + \frac{\omega_2^{(m)}}{\varpi}\right), \qquad v'_g = v\left(1 - \frac{\omega_2^{(m)}}{\varpi}\right),$$

sachant que v avait été pris égal à $\dfrac{v_d + v_g}{2}$,

d'où

$$l_1'^{(m)} = v\left(1 + \frac{\omega_2^{(m)}}{\varpi}\right)\tau, \qquad l_2'^{(m)} = v\left(1 - \frac{\omega_2^{(m)}}{\varpi}\right)\tau,$$

et pour la rotation en appliquant toujours la formule générale

$$2\,\omega_2^{(m)} = \varpi\, l'^{(m)} \frac{1}{v} \cdot \frac{2\,\dfrac{\omega_2^{(m)}}{\varpi}}{1 - \left(\dfrac{\omega_2^{(m)}}{\varpi}\right)^2} \frac{1}{\tau}.$$

En invoquant la règle de Borda et considérant comme des poids ces rotations, on aura pour la rotation exacte $2\,\omega^{(m)}$:

$$2\,\omega^{(m)} = \sqrt{2\,\omega_1^{(m)} \cdot 2\,\omega_2^{(m)}}.$$

Si l'on remplace $2\,\omega_1^{(m)}$ par sa valeur $\varpi\, l'^{(m)} \left[\dfrac{1}{v_g} - \dfrac{1}{v_d}\right] \dfrac{1}{\tau}$, et $2\,\omega_2^{(m)}$ par la valeur ci-dessus, et qu'en même temps on remarque que $l^{(m)} = \sqrt{l'^{(m)} \times l'^{(m)}}$ est précisément l'épaisseur correspondant à la rotation $2\,\omega^{(m)}$, on aura

$$2\,\omega^{(m)} = \varpi\, l^{(m)} \frac{1}{\sqrt{v}} \frac{\sqrt{v_d - v_g}}{\sqrt{v_d\, v_g}} \frac{\sqrt{2\,\dfrac{\omega_2^{(m)}}{\varpi}}}{1 - \dfrac{1}{2}\left(\dfrac{\omega_2^{(m)}}{\varpi}\right)^2} \frac{1}{\tau}.$$

Si comme première approximation, $2\,\omega_2^{(m)}$ est supposé égal à $2\,\omega^{(m)}$ et qu'on néglige $\left(\dfrac{\omega_2^{(m)}}{\varpi}\right)^2$ qui est infiniment petit, la formule ci-dessus donnera

$$\sqrt{2\,\omega_2^{(m)}} = k\,\frac{1}{\tau} = k\,\frac{m\mathrm{V}}{\lambda},$$

d'où

$$2\,\omega^{(m)} = \varpi\, l^{(m)} \frac{\mathrm{B}}{1 - \dfrac{1}{2}\left(\dfrac{\omega^{(m)}}{\varpi}\right)^2} \frac{1}{\lambda^2}.$$

Ainsi nous retrouvons l'expression obtenue expérimentalement par Biot conduisant à la rotation en fonction de la raison inverse du *carré* de la longueur d'onde du vide.

De plus grâce au coefficient $1 - \dfrac{1}{2}\left(\dfrac{\omega^{(m)}}{\varpi}\right)^2$, très voisin de l'unité et variable avec les diverses lumières, nous montrons que cette loi de Biot ne peut être que très approchée. C'est ce que l'expérience a encore prouvé.

Il résulte donc de cette analyse que l'hypothèse de la simple inégalité des vitesses de propagation, due à l'inégalité des densités de l'éther sur les deux hélices, ne pouvait conduire pour la rotation qu'à la raison inverse de la *simple* longueur d'onde. Il fallait joindre à cette hypothèse des auteurs celle de forces d'attraction agissant dans un plan perpendiculaire à la direction du rayon incident, comme les tétraèdres du carbone asymétrique, ou dans le quartz l'attraction des zones concentriques de matière pondé-rable, sur la lumière polarisée rectilignement et pour expliquer les mouvements *oscillatoires* circulaires, les seuls succeptibles d'engendrer des ondes polarisées circulairement, et pour obtenir en même temps la raison inverse *du carré* de la longueur d'onde.

Telle est la véritable théorie de la polarisation rotatoire.

Ayant retrouvé la formule expérimentale de Biot si nous déterminons les indices des rayons circulaires droit et gauche nous aurons complètement résolu le problème.

L'expression des longueurs d'onde, qui nous conduiront aux indices, des rayons droit et gauche $l_d^{(m)}$, $l_g^{(m)}$ s'obtiendra facilement en appliquant la règle de Borda aux longueurs d'onde précédemment données. Nous aurons ainsi

$$l_d^{(m)} = \sqrt{l_1^{(m)} l_1'^{(m)}}, \qquad l'^{(m)} = \sqrt{l_2^{(m)} l_2'^{(m)}},$$

d'où

$$(5^{\text{ter}}) \quad l_d^{(m)} = \sqrt{v \cdot v_d}\left(1 + \frac{1}{2}\frac{\omega_2^{(m)}}{\varpi}\right)\tau, \qquad l_g^{(m)} = \sqrt{v \cdot v_g}\left(1 - \frac{1}{2}\frac{\omega_2^{(m)}}{\varpi}\right)\tau.$$

Ainsi *nous retrouvons une loi analogue à celle que nous avons formulée dans la dispersion ordinaire* et nous montrons que, grâce à l'attraction des tétraèdres jouant ici, dans un plan horizontal, un rôle analogue à l'attraction suivant la verticale du milieu réfringent dans la réfraction, les formules ordinaires (5) qui lient les longueurs d'onde à la vitesse de propagation et à la durée des oscillations ne se vérifient plus.

Remarquons que, sans le vouloir et par la force des choses, les auteurs étaient arrivés à des relations similaires de celles (5ter) que nous donnons ci-dessus. Lorsqu'ils représentaient les longueurs d'onde par les formules

$$l_d = v\left(1 + \frac{\partial}{2}\right)T, \qquad l_g = v\left(1 - \frac{\partial}{2}\right)T,$$

∂ était l'analogue de $\frac{\omega_2^m}{\varpi}$, seulement pour eux ∂ était proportionnel à $\frac{1}{\lambda}$, tandis que $\omega_2^{(m)}$ est proportionnel à $\frac{1}{\lambda^2}$. Ils croyaient que $v\left(1 \pm \frac{\delta}{2}\right)$ était l'expression des vitesses qui auraient été ainsi fonctions de la longueur d'onde ; comme dans nos formules (5ter) les vitesses $\sqrt{v \cdot v_d}$, $\sqrt{v \cdot v_g}$ sont proportionnelles à v_d, v_g, on voit donc que l'expression $\left(1 \pm \frac{1}{2}\frac{\omega_2^{(m)}}{\varpi}\right)$ analogue au $\left(1 \pm \frac{\delta}{2}\right)$ des auteurs ne *pouvait modifier ces vitesses, puisque, exprimant des rotations, celles-ci étaient fonctions des vitesses qui, par suite, étaient indépendantes des coefficients* $\left(1 \pm \frac{1}{2}\frac{\omega_2^{m}}{\varpi}\right)$, les analogues de $\left(1 \pm \frac{\delta}{2}\right)$ des auteurs.

Par conséquent, il ne restait plus qu'une seule interprétation possible ; les coefficients modifiaient les valeurs de τ, puisqu'ils ne pouvaient changer les vitesses dont ils étaient fonctions.

Faute d'avoir connu la véritable valeur et le vrai sens de $\left(1 \pm \frac{\delta}{2}\right)$ les auteurs les avaient associés aux vitesses au lieu de s'apercevoir qu'ils étaient la meilleure preuve des différences de la durée des oscillations des rayons circulaires gauche et droit.

Ainsi donc les coefficients $\left(1 \pm \frac{1}{2}\frac{\omega_2^{(m)}}{\varpi}\right)$ jouaient le même rôle que $\left(1 \pm \frac{0}{\text{T}}\right)$ dans la dispersion ordinaire et ne s'introduisaient que grâce à l'existence de forces étrangères à l'élasticité.

Cela posé, les indices seront donnés par le rapport des longueurs d'onde, savoir, ayant $ml_d^{(m)} = l_d$, $ml_g^{(m)} = l_g$, $m\tau = \text{T}$:

$$n' = \frac{\lambda}{l_d} = \frac{\text{VT}}{\sqrt{vv_d}\text{T}} \frac{1}{\left(1 + \frac{\omega_2^{(m)}}{\varpi}\right)^{\frac{1}{2}}}, \qquad n' = \frac{\lambda}{l_g} = \frac{\text{VT}}{\sqrt{vv_g}\text{T}} \frac{1}{\left(1 - \frac{\omega_2^{(m)}}{\varpi}\right)^{\frac{1}{2}}}$$

et en posant

$$\frac{\text{V}}{\sqrt{vv_d}} = \text{A}, \qquad \frac{\text{V}}{\sqrt{vv_g}} = \text{B} :$$

$$n' = \text{A}\left[1 - \frac{1}{2}\frac{\omega_2^{(m)}}{\varpi} + \frac{1 \cdot 3}{2 \cdot 4}\left(\frac{\omega_2^{(m)}}{\varpi}\right)^2 - \dots\right]$$

$$n'' = \text{B}\left[1 + \frac{1}{2}\frac{\omega_2^{(m)}}{\varpi} + \frac{1 \cdot 3}{2 \cdot 4}\left(\frac{\omega_2^{(m)}}{\varpi}\right)^2 + \dots\right].$$

Si l'on remarque que $\omega_3^{(m)}$ est proportionnel à $\frac{1}{\lambda^4}$, on voit donc que les indices des rayons circulaires de Fresnel *obéissent exactement à la même loi* que les indices dans les milieux *non hémiédriques* et représentés par

$$n = A + \frac{B}{\lambda^2} + \frac{C}{\lambda^4} + \dots$$

Si l'on se reporte à la théorie générale de la dispersion donnée par Cauchy on voit que celui-ci avait introduit l'hémiédrie pour faire disparaître les puissances *impaires* des longueurs d'onde. Cette considération n'avait pas à être soulevée ici puisque nous n'avons que des puissances *paires*. Donc, c'est uniquement pour des rayons elliptiques que les conditions de l'hémiédrie pourront être introduites et l'on ne voit pas, en effet, comment elle pouvait exister pour des rayons se propageant *suivant l'axe principal*. Et, *a priori*, il devait en être ainsi. Lorsque les auteurs posaient

$$v_d = v\left(1 + \frac{\delta}{2}\right)$$

$$v_g = v\left(1 - \frac{\delta}{2}\right)$$

spécifiant que $\frac{\delta}{2}$ était infiniment petit, ils admettaient que v_d, v_g *jouissaient des mêmes propriétés que* v, vitesse d'un rayon dont l'indice était celui des milieux non hémiédriques.

Donc, d'après cette manière de raisonner, les indices des rayons circulaires droit et gauche obéissaient à la même loi. C'est ce que nous donne notre théorie.

Par conséquent nous avons sensiblement, sachant que $(B - A)$ est très petit :

$$n'' - n' = \frac{c}{\lambda^2} + (B - A)$$

et non

$$n'' - n' = \frac{c}{\lambda}$$

comme Mac-Cullagh y était arrivé dans sa théorie.

Ces résultats sont des plus importants et vérifient ce que nous avons autrefois indiqué dans notre Traité. « De la double réfraction elliptique et de la tétraréfringence du quartz dans le voisinage de l'axe (¹) ».

Obliquement à l'axe la question de l'hémiédrie s'introduira nécessairement. Par conséquent, les longueurs·d'ondes impaires ne pourront plus être éliminées et les indices étant nécessairement de la forme

$$(a) \qquad n = A + \frac{B}{\lambda} + \frac{C}{\lambda^2} + \frac{D}{\lambda^3} + \cdots ,$$

seront ceux des rayons elliptiques obliquement à l'axe. On ne pourra donc plus soutenir, car telle fut la théorie d'Airy appuyée par Mac-Cullagh, qu'un rayon elliptique n'était autre chose qu'un rayon circulaire de Fresnel aplati, puisque nous démontrons qu'un tel rayon a pour indice

$$(b) \qquad n = A \pm \frac{B}{\lambda^2} + \frac{C}{\lambda^4} \pm \frac{D}{\lambda^6}$$

et que l'on ne peut tomber de (b) sur (a). Donc, comme nous l'avions montré, la question était beaucoup plus compliquée. On voit que la théorie nouvelle de la polarisation rotatoire, qui nous a permis de retrouver la formule de Biot, vient confirmer des résultats publiés antérieurement.

En résumé, nous avons démontré que les vitesses des rayons circulaires étaient *indépendantes de la longueur d'onde du vide*, tandis que les longueurs d'onde de ces rayons en étaient fonctions.

On avait les équations simultanées

$$\begin{cases} v_d = \sqrt{\dfrac{e}{d}}, & v_g = \sqrt{\dfrac{e}{d}}, \\[2ex] l_d^{(m)} = \sqrt{v\,v_d}\left(1 + \dfrac{1}{2}\dfrac{\omega_2^{(m)}}{\varpi}\right)\tau, & l_g^{(m)} = \sqrt{v\,v_g}\left(1 - \dfrac{1}{2}\dfrac{\omega_2^{(m)}}{\varpi}\right)\tau. \end{cases}$$

et non comme on l'avait enseigné jusqu'ici

$$\begin{cases} v_d = v\left(1 + \dfrac{\delta}{2}\right), & v_g = v\left(1 - \dfrac{\delta}{2}\right), \\[2ex] l_d = v\left(1 + \dfrac{\delta}{2}\right)T, & l_g = v\left(1 - \dfrac{\delta}{2}\right)T. \end{cases}$$

Ces dernières relations conduisaient comme on l'a vu à

$$\left(\frac{v_d}{l_d}\right)^2 = \left(\frac{v_g}{l_g}\right)^2 = \frac{1}{T^2} = \frac{V^2}{\lambda^2} = -\frac{F}{4\,\varpi^2};$$

ainsi la force élastique restait *rigoureusement la même* d'après les auteurs quand on passait du milieu *non hémiédrique* dans le *milieu hémiédrique*, ce qui était faux *a priori*.

En effet rappelant les formules générales de Cauchy nous avons montré dans notre « THÉORIE NOUVELLE DE LA DISPERSION », p. 44 que l'on arrivait à

$$(8) \qquad m\frac{d^2\varepsilon}{dt^2} = F\varepsilon = m\,\Sigma\,\mu\mathrm{M}\,\Delta\varepsilon$$

et que Cauchy avait obtenu pour $\Delta\varepsilon$ la valeur suivante, l étant la longueur d'onde dans le milieu considéré,

$$(9) \qquad \Delta\varepsilon = 2\varepsilon\sin\frac{2\varpi}{l}\Delta x + \sqrt{\delta^2 - \varepsilon^2}\sin\frac{\varpi}{l}\Delta x\cos\frac{\varpi}{l}\Delta x.$$

Pour les milieux *hémiédriques* $\Delta\varepsilon$ avait la valeur donnée par (9) tandis que pour les milieux *non hémiédriques*, la relation (9) se réduisait, en représentant par l' la longueur d'onde dans ce nouveau milieu, à

$$(9^{bis}) \qquad\qquad \Delta\varepsilon = 2\varepsilon\sin\frac{2\varpi}{l'}\Delta x,$$

les valeurs de $\Delta\varepsilon$ tirées de (9) et de (9bis) et substituées dans (8) conduisaient nécessairement pour F à des valeurs différentes quand on passait d'un milieu non hémiédrique dans un cristal hémiédrique.

Donc il aurait suffi aux auteurs de se rappeler ces formules de Cauchy pour être convaincus que dans leur théorie les relations établies par Fresnel étaient fausses, même quand on ne faisait intervenir aucune force étrangère à l'élasticité. Il est vrai que nous venons de prouver que *suivant l'axe* les choses se passent comme si l'on restait dans un milieu non hémiédrique. Mais nous n'avons pu arriver à cette démonstration qu'en admettant l'existence de deux tétraèdres exerçant une attraction newtonienne étrangère à l'élasticité, attraction qui n'existe pas dans le premier milieu non hémiédrique. C'est cette attraction qui nous a conduit aux longueurs d'onde ci-dessus, lesquelles jointes aux vitesses qui obéissent à la formule de Newton, nous prouvent que l'hypothèse de la constance de F quand on passe d'un milieu non hémiédrique dans un milieu possédant le pouvoir rotatoire était une erreur.

Si l'on pose

$$\sqrt{v\,v_d} = v', \qquad\qquad \sqrt{v\,v_g} = v''$$

$$\left(1 + \frac{1}{2}\frac{\omega_2^{(m)}}{m}\right)\tau = \tau_1, \qquad\qquad \left(1 - \frac{1}{2}\frac{\omega_2^{(m)}}{m}\right)\tau = \tau_2,$$

ayant démontré plus haut que seules les durées des oscillations pouvaient être modifiées, aux relations simultanées ci-dessus on pourra substituer

$$\left\{ \begin{array}{ll} v' = \sqrt{v\sqrt{\dfrac{e}{d'}}}, & v'' = \sqrt{v\sqrt{\dfrac{e}{d''}}}, \\[2ex] l_d^{(m)} = v'\tau_1, & l_g^{(m)} = v''\tau_2. \end{array} \right.$$

Les longueurs d'onde seront donc liées aux vitesses et aux durées τ_1, τ_2, des oscillations comme *lorsque l'origine du mouvement prend naissance dans un milieu et se propage dans celui-ci* ; on peut donc alors appliquer à ce mouvement la formule générale de l'élasticité qui lie la force élastique à la vitesse et à la longueur d'onde

$$F = -4\varpi^2 \frac{V^2}{\lambda^2},$$

d'où

$$F_1 = -4\varpi^2 \frac{v'^2}{l_d^{(m)2}} = -\frac{4\varpi^2}{\tau_1^2}, \qquad F_2 = -4\varpi^2 \frac{v''^2}{l_g^{(m)2}} = -\frac{4\varpi^2}{\tau_2^2},$$

Ainsi dans le vide et le milieu possédant le pouvoir rotatoire nous avons les trois forces élastiques

$$F, \quad F_1, \quad F_2,$$

de sorte que nous devions nécessairement conclure, que les formules que nous avions provisoirement adoptées pour représenter les deux cercles dans le second milieu

$$(S) \quad s' = \left(\frac{\varpi}{2} + \frac{\omega^{(m)}}{2}\right)\cos 2\varpi\frac{l}{\tau}, \qquad s'' = \left(\frac{\varpi}{2} - \frac{\omega^{(m)}}{2}\right)\cos 2\varpi\frac{l}{\tau},$$

étant donné que l'on avait dans le premier milieu

$$s' = \frac{\varpi}{2}\cos 2\varpi\frac{l}{\tau}, \qquad s'' = \frac{\varpi}{2}\cos 2\varpi\frac{l}{\tau},$$

devaient en réalité s'écrire dans le second milieu

$$(S') \quad s' = \left(\frac{\varpi}{2} + \frac{\omega^{(m)}}{2}\right)\cos 2\varpi\frac{l}{\tau_1}, \qquad s' = \left(\frac{\varpi}{2} - \frac{\omega^{(m)}}{2}\right)\cos 2\varpi\frac{l}{\tau_2},$$

C'est-à-dire que l'on vérifiait cette loi que nous avons amplement démontrée que l'on ne pouvait modifier *l'amplitude* $\frac{\varpi}{2}$ *d'un mouvement oscillatoire sans changer la durée* τ *des oscillations.* Ceci du reste est absolument con·forme à ce que l'on savait en Mécanique, où l'on enseigne avec raison à propos du pendule que l'amplitude doit être *infiniment petite* pour que la *durée des oscillations* en soit *indépendante.*

Pour ne pas heurter les idées reçues sur l'invariabilité de τ quand on change de milieu nous avions provisoirement admis les formules (S), et l'analyse nous montre que nous devions d'emblée adopter les formules (S'); en le faisant nous allons pouvoir finalement obtenir les valeurs des longueurs d'onde qui jusqu'ici sont encore indéterminées puisqu'elles sont fonction de $\frac{\omega_{\frac{1}{2}}^{(m)}}{\varpi}$ qui est lui-même indéterminé.

Si τ_1, τ_2, sont les durées des oscillations, v_d, v_y les vitesses de propagation dans le second milieu, les formules donnant les longueurs d'onde sont

$$l_d^{(m)} = v_d \tau_1, \qquad l_y^{(m)} = v_y \tau_2.$$

L'arc $\varpi + \omega^{(m)}$ est décrit dans le temps $\frac{\tau_1}{2}$ dans le cristal hémiédrique alors que l'arc ϖ était décrit dans le temps $\frac{\tau}{2}$ dans le milieu non hémiédrique, les élongations maxima peuvent donc être considérées, comme étant dans le rapport des durées, puisque nous avons montré précédemment que quand α devenait $\frac{\alpha}{m}$, T devenait $\frac{T}{m}$, on aura donc

$$\frac{\varpi + \omega^{(m)}}{\frac{\tau_1}{2}} = \frac{\varpi}{\frac{\tau}{2}}, \qquad \frac{\varpi - \omega^{(m)}}{\frac{\tau_2}{2}} = \frac{\varpi}{\frac{\tau}{2}},$$

d'où

$$\frac{2\varpi}{\tau_1} = \frac{2\varpi}{\tau} \cdot \frac{1}{1 + \dfrac{\omega^{(m)}}{\varpi}}, \qquad \frac{2\varpi}{\tau_2} = \frac{2\varpi}{\tau} \cdot \frac{1}{1 - \dfrac{\omega^{(m)}}{\varpi}}.$$

Nous aurons donc

$$(5^{\text{quater}}) \qquad l_d^{(m)} = v_d \left(1 + \frac{\omega^{(m)}}{\varpi}\right) \tau, \qquad l_y^{(m)} = v_y \left(1 - \frac{\omega^{(m)}}{\varpi}\right) \tau,$$

et en repassant aux longueurs d'onde comparables à celle du vide λ

$$l_d = v_d\left(1 + \frac{\omega^{(m)}}{\varpi}\right)T, \qquad l_g = v_g\left(1 - \frac{\omega^{(m)}}{\varpi}\right)T.$$

Telles sont les véritables longueurs d'onde qui doivent être jointes aux véritables vitesses de propagation des ondes polarisées circulairement, et qui comme celles des rayons polarisés rectilignement sont exprimées par

$$v_d = \sqrt{\frac{e}{d'}}, \qquad v_g = \sqrt{\frac{e}{d''}},$$

d', d'' étant les densités de l'éther sur les hélices droite et gauche.

Car nous ne cesserons de rappeler ce qui est enseigné et ce que Fresnel a admis dans sa théorie de la réflexion et de la réfraction de la lumière polarisée rectilignement :

« La vitesse de propagation d'un mouvement vibratoire dans un milieu homogène est *toujours*, comme on sait, égale à $\sqrt{\frac{e}{d}}$, e représentant l'élasticité [1] du milieu et d sa densité » (Verdet, *Leçons d'Optique*, t. II, p. 396). Du moment que nous démontrions qu'il n'y avait pas d'onde polarisée circulairement produite sans mouvement oscillatoire, il n'y avait pas d'autre formule de vitesse de propagation à invoquer. L'expression des indices devient alors en représentant par d la densité de l'éther dans le vide $< d'$, d'', d'après la formule de Newton

$$n' = \sqrt{\frac{d'}{d}}\left[1 - \frac{1}{2}\frac{\omega^{(m)}}{\varpi} + \frac{1.3}{2.4}\left(\frac{\omega^{(m)}}{\varpi}\right)^2 - \dots\right],$$

$$n'' = \sqrt{\frac{d''}{d}}\left[1 + \frac{1}{2}\frac{\omega^{(m)}}{\varpi} + \frac{1.3}{2.4}\left(\frac{\omega^{(m)}}{\varpi}\right)^2 + \dots\right],$$

où $\omega^{(m)}$ est proportionnel à $\frac{1}{\lambda^2}$.

---

(1) La polarisation rotatoire nous permet donc une fois de plus de montrer comme nous l'avons expliqué dans notre « Théorie nouvelle de la dispersion » (p. 18), qu'il ne faut pas confondre l'élasticité avec la force élastique. L'élasticité e reste la même dans le vide et le milieu possédant le pouvoir rotatoire alors que les forces élastiques sont F, F₁, F₂, comme nous l'avons vu. Donc la formule de Newton conduisait bien à l'égalité des vitesses de propagation des lumières simples comme de celle des sons de différentes hauteurs.

Nous avons donc complètement résolu le problème de la polarisation rotatoire.

Il nous reste pour terminer à montrer comment les mouvements oscillatoires d'amplitudes et de durées inégales

$$s' = \left(\frac{\varpi}{2} + \frac{\omega}{2}\right) \cos 2\varpi \frac{t}{\tau_1}, \qquad s'' = \left(\frac{\varpi}{2} - \frac{\omega}{2}\right) \cos 2\varpi \frac{t}{\tau_2}$$

satisfaisant aux deux équations différentielles :

$$(10) \qquad \frac{d^2 s'}{dt^2} = F_1 s', \qquad \frac{d^2 s''}{dt^2} = F_2 s'',$$

qui supposent que le mouvement oscillatoire conserve la même amplitude et la même valeur τ_1 ou τ_2 pour chaque valeur de s' ou s'', nous donnent les deux ondes. Si l'on considère s', s'' comme représentant purement et simplement *des variables*, on voit que $s' = \varpi + \omega$ droit direct est décrit dans le temps $\frac{\tau_1}{2}$ et $s'' = \varpi + \omega$ gauche inverse est décrit dans le temps $\frac{\tau_1}{2}$, il en résulte donc que si s' est considéré comme une variable pouvant

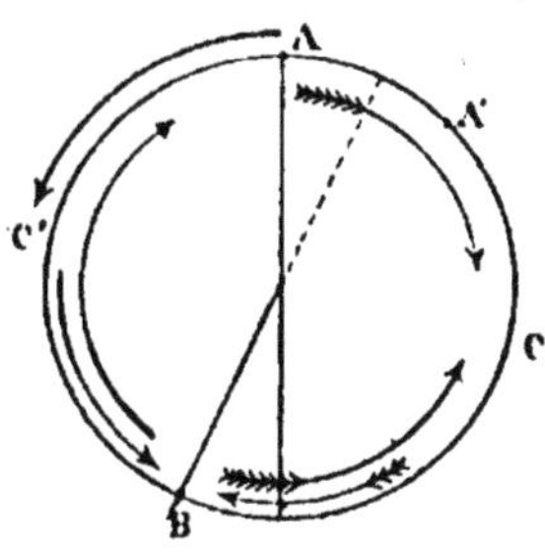

Fig. 3o.

aussi bien représenter un rayon circulaire droit que gauche, la vitesse de propagation du rayon gauche inverse étant rigoureusement la même que celle du rayon droit direct, après le temps $\frac{\tau_1}{2}$ l'onde produite par le rayon gauche inverse *succédera immédiatement* à l'onde produite par le rayon droit direct, exactement comme si le rayon droit après avoir décrit l'arc ACB dans le temps $\frac{\tau_1}{2}$, revenait sur ses pas en décrivant l'arc BCA dans le même temps.

Donc un mouvement oscillatoire $\dfrac{d^2s'}{dt^2} = F_1 s'$ répond à une onde qui s'est propagée avec une vitesse $v' = \sqrt{\dfrac{e}{d'}}$ dans le temps τ_1.

De même le circulaire gauche a parcouru l'arc $AC'B = \varpi - \omega$ d'un mouvement direct avec une vitesse v_g dans le temps $\dfrac{\tau_2}{2}$. Or à ce moment arrivé en B comme le circulaire droit, celui-ci devenu *droit inverse* parcourt le même arc $\varpi - \omega$ avec la vitesse v_y, engendrant une onde de vitesse v''_y qui succède immédiatement à l'onde gauche directe de vitesse v_y. Donc $\dfrac{d^2s''}{dt^2} = F_2 s''$ représente ce mouvement oscillatoire qui engendre les ondes de vitesse v_y.

Ainsi les équations différentielles (10) représentent des états oscillatoires dus alternativement aux rayons gauche et droit qui tous les deux interviennent pour produire des ondes de vitesse $v' = \sqrt{\dfrac{e}{d'}}$, $v'' = \sqrt{\dfrac{e}{d''}}$.

Et nous employons maintenant les vitesses v', v'', ainsi accentuées pour indiquer que l'origine de ces ondes est aussi bien due à un rayon circulaire droit qu'à un rayon circulaire gauche, *tant, bien entendu, qu'on les regarde* comme superposés.

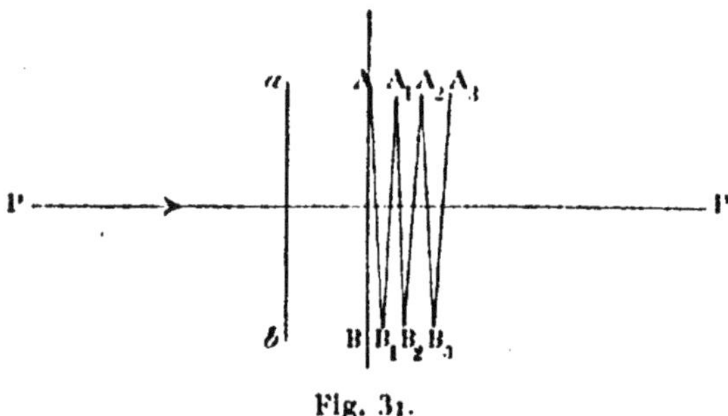

Fig. 31.

Quant à la représentation graphique elle est très facile à interpréter surtout étant donné que nous avons montré que les longueurs d'onde $l_d^{(m)}$, $l_g^{(m)}$, sont beaucoup plus petites que les longueurs d'onde des auteurs l_d, l_g et que l'on a $l_d^{(m)} = \dfrac{l_d}{m}$, $l_g^{(m)} = \dfrac{l_g}{m}$, m étant un grand nombre.

Considérons de la lumière polarisée rectilignement vibrant dans le plan de la figure 31 et perpendiculairement ab à la direction du raison incident PP' ; si arrivée dans le nouveau milieu ABP', pour un rayon quelconque, AB, est la direction de la première demi-oscillation complète, il est bien clair que par raison de symétrie B_1A_1 sera la direction de la seconde demi-oscillation complète. Il n'y a donc aucune différence avec les oscillations dans le vide surtout si AA_1 est infiniment petit, si ce n'est que A_1 ne sera pas en coïncidence au retour avec A. Par suite à la sortie rien ne serait changé et l'on aurait un rayon polarisé rectilignement qui se serait propagé avec une vitesse $v = \sqrt{\dfrac{e}{d}}$ suivant la formule de Newton, d étant la densité dans ce second milieu.

Appliquons exactement la même démonstration à de la lumière polarisée circulairement et d'un mouvement *oscillatoire*, le seul qui puisse engendrer des ondes.

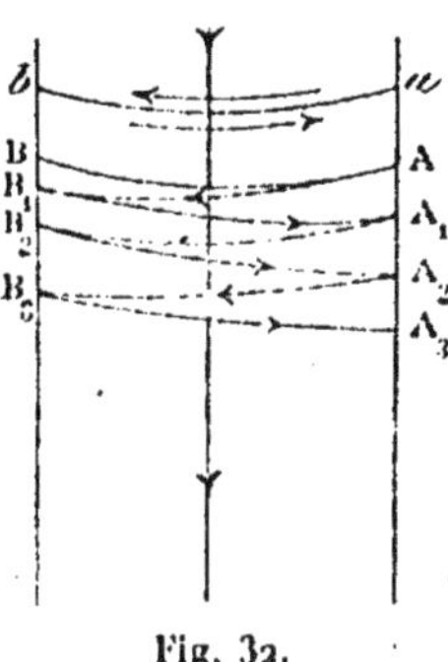

Fig. 32.

Dans le vide les arcs $ab = \dfrac{\omega}{2}$ seraient décrits d'un mouvement oscillatoire dans un plan perpendiculaire à la direction du rayon ; dans le nouveau milieu, au lieu de décrire sur un cylindre des arcs de cercle AB puis BA, la molécule décrira d'un mouvement oscillatoire des portions d'hélice AB, puis B_1A_1, et il n'y a au point de vue oscillatoire aucune différence entre l'onde produite et celle que l'on aurait si le mouvement oscillatoire s'était effectué comme dans le vide dans un plan perpendiculaire à la direction du mouvement surtout si AA_1 est infiniment petit. Si l'on suppose que d soit la densité sur les hélices symétriques droite et gauche, dans un milieu non hémiédrique, la vitesse serait encore donnée par la formule de Newton $\sqrt{\dfrac{e}{d}}$ et la projection de cette vitesse suivant l'axe du cylindre proportionnelle à cette vitesse. Pour simplifier nous l'avons toujours représentée elle-même par $v = \sqrt{\dfrac{e}{d}}$ au lieu de $k\sqrt{\dfrac{e}{d}}$.

On voit donc comment un milieu pourrait propager de la lumière circulaire *oscillatoire*, la seule qui peut se propager, même quand les oscillations ne s'effectueraient pas dans un plan perpendiculaire à la direction du rayon. Cela posé, le milieu devenant hémiédrique, supposons que sur les hélices parallèles dextrorsum AB_1, A_1B_2, A_2B_3 la densité de l'éther soit d', et qu'elle soit d'' sur les hélices parallèles sinistrorsum, dans ces conditions la formule de Newton nous indique la présence de deux vitesses $v' = \sqrt{\dfrac{e}{d'}}$, $v'' = \sqrt{\dfrac{e}{d''}}$ et comme nous l'avons vu plus haut de deux séries de mouvements oscillatoires *continus*, par conséquent de *deux rayons circulaires.*

Nous avons donc complètement rattaché la présence de deux rayons polarisés circulairement à des *mouvements oscillatoires*, ce que les auteurs comme on peut le constater n'avaient jamais fait jusqu'ici *ni dans leurs figures ni dans leurs démonstrations.*

Enfin il nous reste à interpréter l'absence de dispersion rotatoire dans les lames minces.

Jusqu'ici les auteurs discutant la formule de Biot :

$$R = \varpi z \frac{B}{\lambda^2}$$

DEVAIENT CONCLURE qu'ayant entre deux couleurs le rouge et le violet par exemple :

$$R_v - R_r = \varpi z B\left(\frac{1}{\lambda_v^2} - \frac{1}{\lambda_r^2}\right),$$

z étant quelconque, on devrait observer toujours une dispersion *quelle que fût l'épaisseur traversée*. Cependant ils étaient obligés de constater que pour les *lames minces* il y avait rotation, mais plus de dispersion.

Aucune explication n'a jamais pu être donnée de ce fait lorsque l'on reste *rigoureusement suivant l'axe principal*. Ce n'est qu'en se plaçant *obliquement à l'axe*, ce qui est un autre problème et comme conséquence de la théorie d'Airy, qu'on a essayé une explication (Verdet, *Leç. d'Opt.*, t. II, p. 334), qui a le grave inconvénient de faire appel à des différences de marche qui ne sont pas celles que l'on a *suivant l'axe principal.*

En introduisant nos nouvelles longueurs d'onde $\lambda^{(m)} = \dfrac{\lambda}{m}$ la formule précédente devenait

$$R_v - R_r = \frac{m}{m} z B\left[\left(\frac{1}{\lambda_v^{(m)}}\right)^2 - \left(\frac{1}{\lambda_r^{(m)}}\right)^2\right];$$

grâce à cette formule on voit d'abord que l'on pouvait comparer des épaisseurs z à des grandeurs de longueurs d'onde $\lambda^{(m)}$, c'est-à-dire infiniment petites.

Et maintenant si l'on se reporte à notre figure (1bis), base de toute notre théorie, on voit qu'il ne *peut y avoir de rotation* pour une lumière au-dessous *d'une certaine épaisseur*. C'est ce que nous avons appelé les rotations minima. Or supposons que $z = \lambda^{(m)}_{v}$,

on aura nécessairement

$$z < \lambda^{(m)} < \lambda^{(m)}_{v} < \lambda^{(m)}_{o} < \lambda^{(m)}_{r} ;$$

donc ni le rouge, ni l'orangé, ni le vert, c'est-à-dire les couleurs éclairantes ne donneront de rotation, on aura seulement la *rotation de l'extrême violet* de faible intensité lumineuse.

Ce qu'il faut encore remarquer c'est qu'en nous parlant de la rotation sans dispersion pour les lames minces, les auteurs s'étaient bien gardés d'indiquer la valeur de la rotation. Etait-ce celle du jaune moyen ? ou de l'extrème rouge ou d'une autre couleur? Nous venons de voir que c'était celle de l'extrême violet, et l'expérience nous prouve d'un autre côté que c'est *toujours* la première teinte que l'on commence par observer quand on augmente progressivement l'épaisseur de ces lames.

Cette dernière interprétation de la rotation des lames minces sans dispersion montre que grâce à notre théorie nouvelle de la polarisation rotatoire nous n'avons absolument rien laissé sans explication.

TABLE DES MATIÈRES

Pages

PREMIÈRE PARTIE

SECONDE PARTIE

OUVRAGES DU MÊME AUTEUR

Influence du mouvement sur la hauteur du son . . . .
  (Imprimerie Maulde et Renou, Paris 1879) (*épuisé*).

De la propagation de l'électricité dans les corps solides, liquides et gazeux
  (Imprimerie Maulde et Renou, Paris 1879) (*épuisé*).

*De la détermination des chaleurs spécifiques à volume constant dans le
  cas des corps simples et composés* (tirage à part épuisé) . . . . .
  (*Moniteur scientifique*, n° de mars 1880).

*De la chaleur de combustion et de formation des composés organiques,
  d'après les formules rationnelles* (tirage à part épuisé) . . . . .
  (*Moniteur scientifique*, n° de novembre 1880).

*Contribution à l'étude de la polarisation rotatoire dans la lumière paral-
  lèle* (tirage à part épuisé) . . . .
  (*Moniteur scientifique*, n° de juin et octobre 1887).

*De la double réfraction elliptique et de la tétraréfringence du quartz
  dans le voisinage de l'axe* . . . .
  (1 vol. in-8 de 350 p. — Librairie Gauthier-Villars, Paris 1898). Prix   8 fr. »»

Recherches sur les réseaux. . . . .
  (1 vol. in-8 de 87 p. — Bureaux du *Monit. scient.* Paris 1899). Prix . .   2 fr. »»

Théorie nouvelle de la dispersion . . . .
  (1 vol. in-8 de 72 p. — Librairie A. Hermann, Paris 1901). Prix . .   2 fr. 50

Théorie nouvelle de la loupe et de ses grossissements . . . .
  (1 vol. in-8 de 48 p. — Librairie A. Hermann, Paris 1902). Prix . . .   1 fr. 50

Théorie nouvelle de la lunette de Galilée . . . .
  (1 vol. in-8 de 62 p. — Librairie A. Hermann, Paris 1902). Prix . . .   2 fr. »»

SAINT-AMAND, CHER. — IMPRIMERIE BUSSIÈRE.